河北省科协科普创作出版项目
河北省水资源可持续利用与产业结构优化协同创新中心开放基金

了不起的水资源

李百华 · 著

地质出版社
· 北 京 ·

内容提要

本书以“什么是水”作为切入点，引发人们的思考，从基础的水的构成、水的来源、水的形态等方面入手，由浅入深地对地球上的水、大自然中的水、生活中的水和人体中的水进行了系统的介绍。同时，从水和天气、水和人类、水的污染等方面聚焦到日常的生产和生活中，并对人们在生活中节约用水、健康饮水等内容进行了介绍，使科学知识的普及更具有生活性和现实意义，体现了以人为本的理念。

本书可供广大科普读物爱好者，以及从事基础教育、科普研究人员和相关领域管理工作者阅读参考。

图书在版编目(CIP)数据

了不起的水资源 / 李百华著. -- 北京 : 地质出版社，2024. 10. -- ISBN 978-7-116-14376-0

Ⅰ. TV211-49

中国国家版本馆 CIP 数据核字第 2024C4F195 号

LIAOBUQI DE SHUI ZIYUAN

责任编辑：张　诚
责任校对：王　瑛
出版发行：地质出版社
社址邮编：北京市海淀区学院路 31 号，100083
电　　话：(010) 66554649 (邮购部)；(010) 66554572 (编辑部)
网　　址：https://www.gph.clmpg.com
传　　真：(010) 66554576
印　　刷：北京地大彩印有限公司
开　　本：710mm × 1000mm　1/16
印　　张：13.5
字　　数：200 千字
版　　次：2024 年 10 月北京第 1 版
印　　次：2024 年 10 月北京第 1 次印刷
定　　价：158.00 元
书　　号：ISBN 978-7-116-14376-0

前　言

探索蓝色星球的生命之源

在浩瀚的宇宙中，地球以其独特的蓝色光辉引人注目，这颗星球上最为宝贵的资源之一便是水。水，不仅是生命之源，也是人类文明进步的基石。从古至今，人类社会的发展始终与水息息相关，无论是古代文明的兴起，还是现代城市的繁荣，都离不开水资源的滋养。

然而，在 21 世纪的今天，随着人口增长、工业化加速和气候变化等多重因素的交织影响，水资源面临着前所未有的挑战。干旱、洪水、水污染和水资源浪费等问题日益严峻，威胁着生态平衡和人类的可持续发展。因此，深入了解水资源科学知识，提升公众的水资源意识，已成为时代赋予我们的紧迫任务。

随着科技的进步和社会的发展，我们对水资源科学的认识也在不断深化。然而，这种专业知识往往被高墙所围，难以普及到大众之中，这也正是我撰写本书的重要意义和出发点。我们期盼这本书能够成为一座桥梁，连接科学与大众，将复杂的水资源科学知识以通俗易懂的方式呈现给读者，让每个人都能了解这一领域的奥秘，珍惜宝贵的水资源。

本书涵盖了从水的构成、来源、形态，到气象与水、人类与水，再到水的污染与处理，节约用水、健康用水等科学知识，每一章节都力求深入浅出，既讲述科学原理，又介绍科普知识。同时，本书以图文并茂的形式呈现，能让读者在轻松愉快的阅读中掌握水资源的科学知识，激发读者对水资源保护的责任感。

我相信，知识的力量能够激发行动。通过本书，我希望激发每一位读者对水资源保护的意识与责任感，鼓励大家从日常生活做起，节约用水，减少污染，共同守护这颗蓝色星球上的生命之源。同时，我也期待本书能为教育工作者、科普宣传者及所有关心水资源未来的人士提供一定的参考，为构建一个可持续发展的未来贡献一份力量。

让我们携手踏上这场科学的探索之旅，揭开水资源科学的神秘面纱，一起体验来自水资源的科学趣味吧！

李百华

2024 年 7 月 28 日

目　录

第一篇

认识水

什么是水

什么是水呢？水存在的形态是什么呢？我们和水的关系又是怎样的呢？

地球上各种动植物的生活和繁衍离不开水，自然中江河湖泊的产生及雨雪的存在离不开水，生活中人们的衣食住行和工业生产也离不开水。可以说，水是人类及众多生物赖以生存的基础，也是人类文明的摇篮（武艺等，2023）。

在常规的温度和大气压强下，水呈现为一种没有颜色、没有味道的透明液体，被称为生命的源泉。水是地球上常见的物质之一，对所有生物体的生存至关重要，包括了无生命物质及人类本身，同时也是生命体中极其关键的组成部分。在人体中，水是正常新陈代谢所必需的物质，约占正常人体体重的 70%。

水的循环可以调节气候，如果地球上没有水，地球的温度将会迅速上升，氧气含量也会下降，地球将不适合人类生存；水对农业同样很重要，有了水，各种农作物才能得到灌溉，并正常生长；在工业上，无论是轻工业，还是重工业，皆需使用水资源（程小文，2022）。而在生活中更是处处都需要水，比如做饭、洗漱、饮用水等。可以看出，水和我们的生活息息相关，我们离不开水！

科普小知识　有关水的诗词

水很早就出现在了文人墨客的笔下，让我们一起来看一看先人们是如何描写水的吧！

自然界中的瀑布

春夜喜雨
（唐）杜甫
好雨知时节，当春乃发生。
随风潜入夜，润物细无声。
野径云俱黑，江船火独明。
晓看红湿处，花重锦官城。

林中雨景

饮湖上初晴后雨
（宋）苏轼
水光潋滟晴方好，
山色空蒙雨亦奇。
欲把西湖比西子，
浓妆淡抹总相宜。

山中雨后景象

终南望余雪
（唐）祖咏
终南阴岭秀，
积雪浮云端。
林表明霁色，
城中增暮寒。

雪后景象

夜　雪
（唐）白居易
已讶衾枕冷，
复见窗户明。
夜深知雪重，
时闻折竹声。

夜中降雪

同样，水也具有很多独特的性质，被前辈们赋予了多样的精神品格。首先就是清净透明，因为水的分子结构和光的相互作用导致水是清净透明的；其次就是恒顺有原则，将水灌入不同的物体中可显现为不同的形态，水虽然遇方则方、遇圆则圆，但却不会改变水自身的性质；再者水谦逊包容，水虽然是生命之根、诸宝之源，但经常往低处流，在最低处汇集，水遇到阻挡物时并不会针锋相对，而是绕道而流（林秀丽，2021）。

自然界中的河流

“君不见，黄河之水天上来，奔流到海不复回。”《将进酒》的作者豪迈豁达，对人生的深刻思考让我们认识到黄河源远流长的特性。

“问渠那得清如许，为有源头活水来。”《观书有感 · 其一》表现了作者思想活跃、胸襟开阔、广泛包容的心态。

“空山新雨后，天气晚来秋。明月松间照，清泉石上流。”《山居秋暝》中诗人借明月清风来彰显自身的高洁情怀和风雅情趣。

“忽如一夜春风来，千树万树梨花开。”《白雪歌送武判官归京》表现出诗人惊讶赞叹的心情与豪爽豁达的胸襟。

“桃花潭水深千尺，不及汪伦送我情。”《赠汪伦》表现出作者与朋友之间真挚纯洁的深厚情谊。

《赠汪伦》插图

此外，水还有调和能力及毅力：万物因水的存在而汇聚融合，譬如石灰石、黏土和铁矿粉是三种不同的物质，因为水的调和，它们三种物质才有可能按比例调和而成为水泥；同时，水具有非常强的毅力，当水滴持续不断地滴到坚硬的石头上时，久而久之，石头能被穿透，这就是所谓的滴水穿石。

科普小知识 有关水的节日

水是非常重要的自然资源之一，虽然地球被誉为“水球”，其储水量非常丰富，但是可供我们人类利用的却十分有限，其中大部分的水资源是海水、冰川等，暂时不能被我们人类直接利用。同时，由于我国南北跨度较大，地形地势存在差异，不同地区的降水量差距较大，造成了我国水资源人均不足、时空分布不均的特点。所以水对我们人类非常重要，为了倡导人们珍惜水资源、爱护水资源，许多和水有关的节日便应运而生，其中最具代表性的自然是每年3月22日的“世界水日”。

泼水节景象

无论是日常生活，还是工农业生产，对水资源的需求量都是巨大的。长期以来，联合国为应对水资源短缺造成的全球水危机而一直努力，并于1977年举行的“联合国水事会议”中明确指出，继石油危机之后的紧要问题就是水资源的危机。随后，1993年的1月18日，第47届联合国大会通过决议，将每年的3月22日定为“世界水日”，以期引起全球的关注。2020年3月22日，我们迎来了一个重要时刻，那便是我国水利部开通的12314监督举报服务平台正式启用，而世界水日的设立宗旨，就在于唤起公众对水资源保护和珍惜的意识。

世界水日

◎世界水日历年主题

1994年：Caring for Our Water Resources is Everyone's Business；

1995年：Women and Water；

1996年：Water for Thirsty Cities；

1997年：Is There Enough；

1998年：Ground Water−The Invisible Resource；

1999年：Everyone Lives Downstream；

2000年：Water and Health−taking Charge；

2001年：Water for the 21st Century；

2002 年：Water for Development；

2003 年：Water for the Future；

2004 年：Water and Disasters；

2005 年：Water for Life 2005—2015；

2006 年：Water and Culture；

2007 年：Water Scarcity；

2008 年：International Year of Sanitation；

2009 年：Transboundray Water–The Water Sharing，Sharing Opportunities；

2010 年：Communicating Water Quality Challenges and Opportunities；

2011 年：Water for Cities；

2012 年：Water and Food Security；

2013 年：Water Cooperation；

2014 年：Water and Energy；

2015 年：Water and Sustainable Development；

2016 年：Water and Jobs；

2017 年：Wastewater；

2018 年：Nature for Water；

2019 年：Leaving No One Behind；

2020 年：Water and Climate Change；

2021 年：Valuing Water；

2022 年：Groundwater–Making the Invisible Visible；

2023 年：Accelerating Change；

2024 年：Water for Peace。

水的构成

水在通常情况下是无色无味的液体。在日常生活中，水是常见的物质之一，是生物体最重要的组成部分，是生物体生存生活不可或缺的物质，被人们称为生命的源泉。下面让我们通过小实验来了解一下水的构成吧！

科普小实验

电解水

1）用粗铁丝制作电极，套于塑料管内，需两端裸露，用一个大烧杯做电解槽，电解液用 10% 的碳酸钠溶液或者氢氧化钠溶液。

2）用两支口径长短都一样的试管收集电解形成的氢气和氧气。

3）先将电解液注入烧杯中，两根电极挂在烧杯壁上，两支试管都灌满电解液倒扣在电极上。

4）将电极与电源相连，通以 12 伏的直流电流进行电解。

5）在电源中断后，进行气体的检测。首先，使用火星棒来检测氧气，若木棒重新燃烧，则说明是氧气；其次，用点燃的火柴去尝试点燃氢气，如果出现淡蓝色的火焰并伴有水珠的产生，那么就可以确认这是氢气。

需要注意的是，被电解的水溶液必须充满试管，因为如果空气与氢气混合存在于试管内，用点燃的火柴检验时极易发生爆炸。

经过一系列的实验观察，我们发现正极产生的气体能够使火星木条再次燃烧，这表明该气体是氧气；同时，负极生成的气体具有可燃性，并且其燃烧产生的火焰显现淡蓝色，这证实了该气体为氢气。这两种气体的体积比是 1∶2，而它们的质量比为 8∶1。

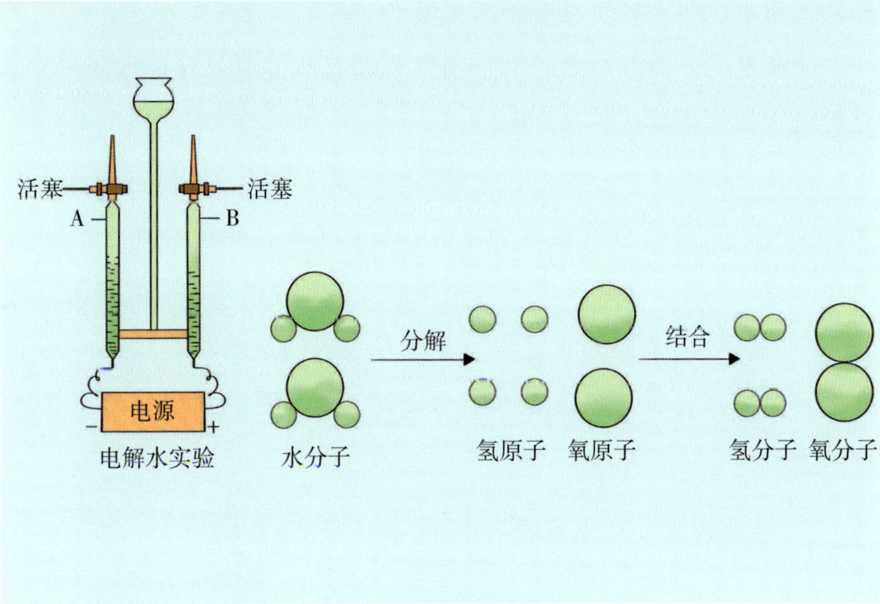

水的分解图

结论：通过电解水实验可知水（H_2O）是由氢元素和氧元素组成的。

（注意事项：以上实验需在安全条件下进行，不建议自行操作。）

◎水的组成

水是由氢和氧两种元素组成的无机化合物，化学式为 H_2O，即两个氢原子和一个氧原子通过共价键结合而成。分子与原子的不同在于，在化学反应中，分子能够被分割成更小的单位，而原子则不能。例如，在进行水的电解实验时，我们观察到水分子会分解为氢和氧的原子，而这些分离出的氢原子和氧原子则不再进一步被划分，它们最终会结合成为新的氢气和氧气分子。

◎水的分类

在日常生活中，人们通常将水分成四大类，分别是源头水、动植物饮用水、非直接饮用水和工业用水、农业及景观类用水。

源头水：一般指的是源头和自然保护区内非常干净的冰川融水，这类地区不允许排放各种污水。

动植物饮用水：一般是地表水源地一级保护区，珍稀水生动植物的栖息地，里面的水质相较于源头水有些差距，但是排放污水也有严格指标，这类水资源经过水厂处理后可以正常供给人们生活饮用。

非直接饮用水和工业用水：其允许排入的废水标准较低，处于轻度污染程度，虽然不适合人们生活饮用，但是能用于非饮用或工业之中。

农业及景观类用水：这是污水排放的最低标准，与非直接饮用水和工业用水相比水质较差，即使达到标准，也只能供给农田灌溉或者喷泉这类观赏性的建筑使用。

科普小知识　水源保护区

水源保护区是指对我国某些极其重要的水域实施特殊防护的特定区域。1984 年颁布的《中华人民共和国水污染防治法》中明确指出，县级及更高级别的政府部门有权将特定水域划定为水源保护区，以保障其安全。这些被划分的保护区一般分为一级和二级两种级别。此外，必要时还可在水源保护区外围划定一定的区域作为准保护区。主要涉及的水域包括供应饮用水的源头、风景秀丽的景区水域、具有重要经济价值的渔业水体，以及那些具有独特经济和文化价值的水系等（何丽华等，2022）。

水源保护区

● 水的种类

日常生活中，我们可以见到水的种类有很多，让我们来认识一下吧！

○ 天然水

降水是地球上水的最主要来源，如果地球上没有了降水，地球就会干枯，地球上的生物也将无法生存。降水可以来自地球表面的水汽蒸发，也可以来自地球外部以冰块形式“飞”来的、没有到地面就汽化的水。天然水包括地表天然水和地下天然水，地表水是地球表面以上的水，包括地面上的降水、江河湖泊中的水、南北极和雪山上的水；地下水是地面以下的水，包括渗入地下的雨水，或者地下涌出的泉水等。

降水

○ 人工水

人工水的种类有很多，例如制造水、处理天然水、饮用水、纯净水、脱气水、活性水、磁化水等。

科普小知识　天然水与纯净水的区别

不知道大家有没有仔细观察过，我们平时买的瓶装水究竟是什么水？其中占比较多的天然水和纯净水有什么区别呢？

饮用水的主要种类

纯净水和天然水的区别主要是成分和形成方式有所不同。从安全性考虑，纯净水是以符合生活饮用水的卫生标准的水为原料，采用多种工艺去除水中含有的物质，所以纯净水中不含任何杂质、有害物质、添加剂，如细菌、胶体、悬浮物等。而天然水虽然保留了水的天然成分，但也可能存在一定的微生物污染风险。因此，纯净水的安全性相对较高。

从成分的营养价值考虑：纯净水是通过蒸馏、反渗透等技术来净化水的，在去除杂质的同时也除去了绝大多数对人体有益的微量元素和矿物质。所以二者相比，天然水的营养价值会相对更高。

建议日常生活中避免饮用未经处理的天然水，同时也要避免喝未完全煮熟的生水，以免引发胃肠道感染，出现腹痛、腹泻、恶心、呕吐等消化系统不适症状。另外，还需要避免长时间饮用纯净水，以免出现矿物质缺乏的情况。所以，建议可购买市面上经过加工处理的天然水饮用，它在去除有害物质的同时，能够尽可能地保留其中所含的微量元素和矿物质，饮用后对身体健康有一定好处（韦日荣等，2019）。

饮用水

水的来源

地球是太阳系八大行星中唯一被液态水覆盖的星球。众多证据表明，人类的起源来自海洋。在地球诞生初期，一个个水分子形成了江河湖泊，从而慢慢形成了生命体，通过长时间的进化繁衍，一步步地成为我们现今生活的地球。目前地球上生命起源大约可以追溯到46亿年~35亿年间。

地球与水

地球上的水从何而来，这个问题在科学界引发了激烈的讨论，诞生了众多理论。一部分科学家提出，地球尚处于初生阶段时，氢、氧元素就已充斥于原始大气之中，它们通过一系列的化学反应，最终转化为水蒸气，逐渐凝聚并形成降水，汇聚成海洋；另一派观点则推测地球的诞生源自星云，而构成地球的星云物质自然包含水分。还有学者指出，地球原始地壳中的硅酸盐等物质在火山活动的催化下，发生了化学反应，从而释放出水分子。与此同时，也有研究支持地球上的水可能主要来自彗星和陨石等外太空体，且这样的过程仍在持续，为地球带来新的水源（夏群科等，2022）。

多元视角的交汇，使我们能够全方位地理解水资源的本质。当我们展开一幅世界地图或者注视着地球仪的时候，我们会发现，地球呈现给人类的大部分视野是深蓝色的海洋之美。从宇宙空间俯瞰地球，我们所生活的星球宛如一颗椭圆形的、绝妙迷人的蔚蓝色的宝石。水作为地球表面最多的自然物质，它覆盖了超过 71% 的地球面积，因此，称我们的星球为一个真正的巨大水球丝毫不为过。

对于地球水的来源主要有两派观点，分别是地质学家们认为的“自生说”和天文学家们支持的“外生说”。

● 自生说

水的产生，始于远古地壳形成之际。在地球的早期，它是一个无热的冷球体，然而，随着时间的流逝，地球内部放射性元素，如铀和钍开始进行放射性衰变，释放出大量的热量。这一过程促使地球内部的物质开始熔解，高熔点物质未被熔解并下沉，而低熔点的物质则熔化上升。在这一演变过程中，产生了不少易挥发的物质，包括氮、氧、碳水化合物、硫，以及大量的水蒸气（李一良等，2016）。科学试验证实，每立方米花岗岩约能释放 26 升的水和众多可挥发的化合物。

地球内部结构简图

这显示地壳运动使岩浆携带着水分一同涌向地表，这些水分或流入河流，或以降水的形式落下。

在地球的深处蕴含着丰富的水资源。经过科学实验确认，在15千帕的压力下，当岩浆温度高达10000摄氏度时，其能够熔解含量多达30%的水。火山口附近的熔岩通常平均含水量为6%，而一些区域甚至能测量到高达12%的水分比例；更深层地，随着环境压力的增加和温度的上升，岩石中的水量也相对提高。基于这些数据，结合地球上岩浆的数量及我们星球45亿年的历史，科学家们推测，来自地壳深处的岩浆所释放的水分总量可能相当于目前全球海洋的一半。

火山喷发的力量不仅在于其炽热的岩浆，还在于能将大量水分释放到大气层。观察近期的火山脉动，我们发现，在每次的猛烈喷发中，约有超过 75% 的成分是水蒸气。举例来说，1906 年，维苏威火山的一次喷发所排放的纯水蒸气形成的柱状云直冲 13000 米的高空，并持续了 20 小时之久。另外，位于阿拉斯加的卡特迈火山区域拥有一片名为“万烟谷”的地区，那里密集分布着数以千计的自然蒸汽孔，它们每秒能够释放出温度介于 97~645 摄氏度之间的水蒸气和热水，总量达到约 23000 立方米。基于这样的数据，有学者推测，在地球的漫长历史中，火山抛向地面的固体物质可能达到了全球岩石圈总量的半数；而由火山所贡献的水资源，或许也占据了当今全球大洋的一半。

喷发的火山

地球的深层矿物在脱水过程中会分解，释放出一部分水分，同时，一氧化碳和二氧化碳等气体在与氢元素的高温反应中，也会形成水；火成岩的坚硬质地里也蕴含了一定量的结晶和原始的水成分（刘威等，2021）。此外，碳氢化合物的燃烧过程也是水的生成路径之一。

● 外生说

我们经常会听说有陨石坠落地球，科学家在分析球粒陨石的构成时，发现它们含有一定比例的水分，含量通常在 0.5%~5% 之间，有时甚至超过 10%。特别是碳质球粒陨石，其含水量更为丰富。作为太阳系中最常见的陨石类型，球粒陨石占全部陨石的约 86%。人们普遍

陨石撞击地球

认为，球粒陨石是太阳系早期形成的首批固体，而包括地球在内的太阳系众多天体，都是由这些初期的球粒陨石逐渐积聚而成的。此外，我们常说的彗星撞击地球便是一个典型的例子，无论是撞击地球，还是路过地球，都带来了大量的水分。

我们在太阳的和煦光辉下沐浴，它虽似一颗炽热的火球，却能为我们补充宝贵的水源。乍看之下，太阳似乎并不直接提供水分，但每年我们仍能从中获取到丰富的水分。当太阳风抵达地球的上层大气时，它能带来大量的氢核、碳核和氧核，这些原子核在与大气层中的电子结合后，形成了氢元素、碳元素和氧元素，经过一系列复杂的化学反应，这些元素最终转化为水分（陈婷等，2013）。据估计，在地球大气层的高层，我们每年可以产生约 1.5 吨的“宇宙水”。然后，这些水分以降雨或降雪的形式从天而降，滋润着我们的地球。

地球上的水来源有很多，究竟还有多少来源尚未可知。通过科技发展、社会进步，未来也许会发现更多水的来源。但无论哪种来源学说，水资源的短缺问题都是不可忽视的，尽管地球上的水占地球表面的七成左右，但是我们可利用的淡水资源仅占地球水资源总量的 2.5%，所以我们要节约用水。

自然界中的淡水

科普小知识

野外取水方法

◎日光蒸馏水

沙漠之地，日光蒸馏水法取水显得尤为适用。首先，挖出一块大约 90 厘米见方、45 厘米深的坑，在坑底中心位置放一个集水壶。接着，覆盖上一层塑料薄膜，并利用石头或沙土将其边缘牢牢固定于坑沿。此外，为了确保塑料膜能够形成收集水分所需的弧形结构，需要在膜中央悬挂一块石头，这样水滴就能够顺着倾斜面，顺利地滑落到水壶中，完成水源的获取。

阳光的照射导致洞穴里的湿气与空气的温度升高，蒸发出水分。这些水汽逐渐变饱和，在接触到塑料膜时会遇冷变成水滴，最后流入水壶。这种集水方式能在一天内收集到大约半升的水。

沙漠与水

◎植物中取水

通过植物的蒸腾作用收集水滴，首先，要选一段茂密健康的树木嫩枝，将一个塑料袋套在上面；其次，在放置袋子时，确保袋口朝向上方，而袋角指向下方，以便于捕捉由叶面积聚的水汽。蒸腾过程中，水汽上升至塑料袋，与膜壁接触后因冷却而凝结成水珠，随后，这些水珠沿薄膜内壁滑落，汇聚到置于底部的收集器中。

水的形态

自然界中的水有三种形态，分别是流动的液态水、凝固的固态水及看不见的气态水。液态水是我们最常见的一种形式，例如奔流不息的河流、打开水龙头流出的自来水等。而固态水在冬季最为常见，如北方冬季的满地白雪以及被冰冻住的河流、水流等。气态水则是我们日常生活中最容易忽略掉的，因为气态的水我们看不见摸不着，但其实它们一直分布在我们周围，它们以气的形式在大气中运动，当处于适合的条件时便会变成我们看得见的液态水或固态水。那么，三种形态的水又是如何转化的呢？

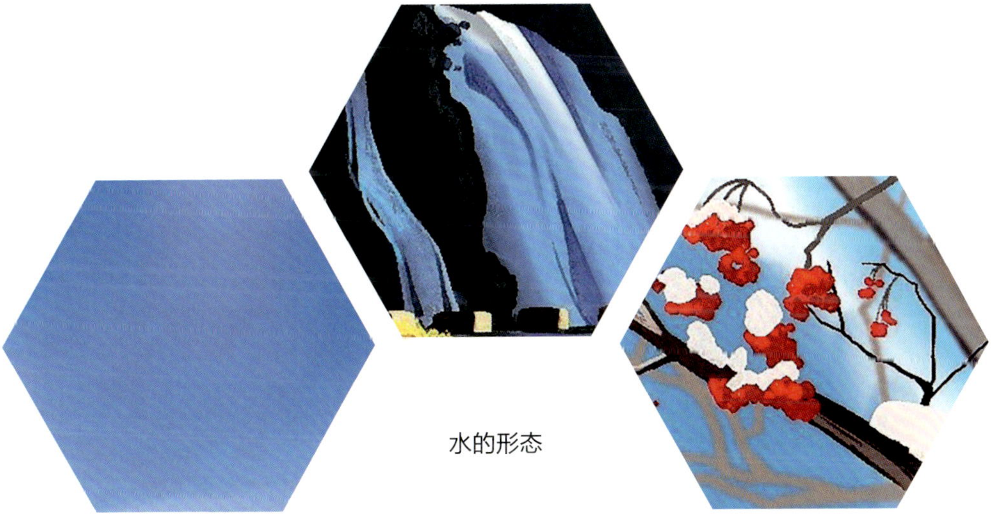

水的形态

当一滴液态的小水滴被加热到100摄氏度时，它会慢慢蒸发，变成气态的水蒸气。当这部分水蒸气遇冷后又会重新凝结成小水滴，如果这部分水蒸气遇到了突如其来又大幅度的降温，那么它们会直接凝华成固态的小冰晶。同样，如果小冰晶遇到突如其来又大幅度的升温，它们则会升华成为气态的水蒸气，而如果它们仅仅遇热，便会重新熔化成一滴小水滴。这一系列的过程也称为水的三相转化。

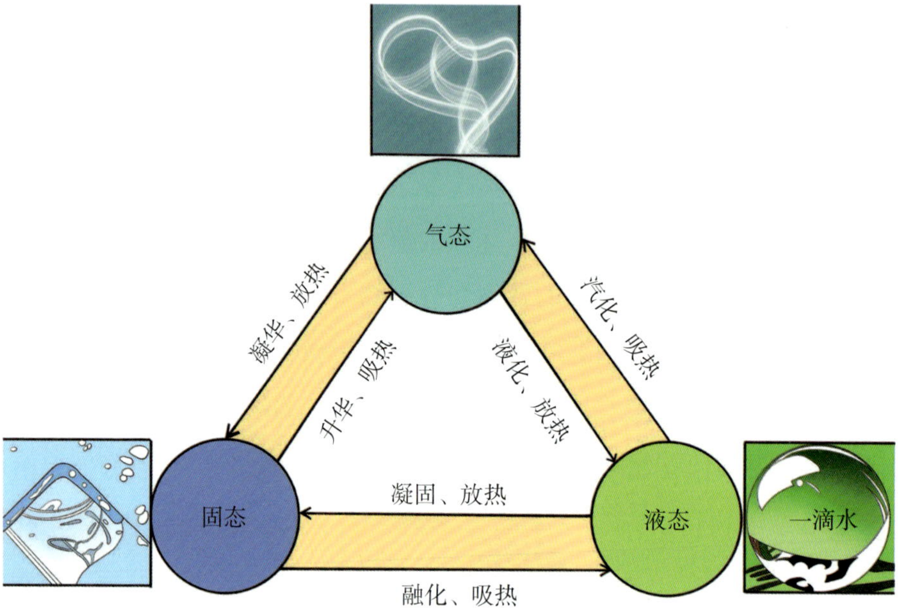

水的三相转化

● 液态水

液态水是我们日常生活中最常见的一种水的形态，水在常温常压状态下是无色无味的。水的密度为 1×10^3 千克 / 立方米，在正常气压的状态下，当温度到达 0 摄氏度时，液态水会凝固成固态水，这个温度被称作凝点；而当温度达到 100 摄氏度时，液态水会蒸发成气态水，这个温度也叫沸点。除此之外，水有非常大的表面张力，当我们在一枚硬币上滴水时，这枚小小的硬币上可以承载 50 滴左右的水滴，这正是水的表面张力所导致的神奇现象。而且水具有非常好的溶解能力，一般来说液态水可以比其他液体溶解更多的物质，这也使得水成为化学、自然地理等多个学科领域的研究对象及研究

液态水

工具。液态水作为我们的生命之源，是生物体中最重要的组成部分，可以说没有液态水的存在，地球上就不会有生命体的出现。

● 固态水

固态水最常见的一种形式就是冰，全球陆地上的冰体积总计约为 2.65 亿立方千米，换算成水的话相当于 2.4 亿立方千米。这些冰绝大多数位于南极地区，体积约达到 2.38 亿立方千米。想象一下，若这些冰川全部融化，那么其水量将等同于全球河流在 650 年内的总流量，足够使全球海洋的水位上升至 66.3 米。

水在 4 摄氏度以上时是符合热胀冷缩规律的，水在低于 4 摄氏度时则热缩冷胀，导致密度下降，而一旦水温回升至大于 4 摄氏度，则恢复热胀冷缩，这是水重要也是有价值的特性之一。水中生物生存的关键在于一个自然现象：冰的密度比液态水低，因此，当水面冻结时，形成的冰块会漂浮在水面。这种特性使得水下生物能在冰层下的水域中幸存。春天来临时，阳光先照到覆盖在水面上的冰，使之融化，为水中生物带来生机；倘若情况相反，冰的密度如果大于水，那么冰便会下沉，逐渐堆积在水体底部，导致上层的水继续冻成冰，最终可能使整个水体固化，威胁到水生生物的存续。这也正是我们能在冬日河流被冰层封锁后，待到春季冰层融解，还能再次见到河中鱼群游动的原因。

固态水

科普小知识　神奇的现象

冬天，室外的温度与我们人体内的温度相比非常低，当我们站在室外向外哈气时，哈出的水气温度降低，在空气中迅速凝结成小水滴，从而变成了我们可看见的一串串白气。

每年冬天，在我国东北地区的河畔，我们可以看到“寒江雪柳，玉树琼花”，临江的树木仿佛穿上了一身银装，晶莹剔透，在皑皑白雪中展示着自己傲人的身姿，这番风光就是我们所说的雾凇。其实雾凇也是一种霜，由于东北地区的冬季非常寒冷，而江水又相对温暖，因此江水中的部分水分通过蒸发为空气中提供了大量的水气，当水气处于极其寒冷的环境中时，会迅速凝华成固态的小冰晶。由于江边树木丛生，水气与树枝相遇迅速凝华而附着于树枝上，从而慢慢积累成为晶莹闪烁的雾凇。

冬日哈气

吉林雾凇被人们称为我国四大自然奇观之一，因有江水环抱、树形奇特，每到冬季，沿江的垂柳便挂满晶莹剔透的霜花，远远望去白茫茫的天地之间闪出一道银光，宛若仙境般美丽。

雾凇

● 气态水

水蒸气是水的气体状态，它在水加热至沸点时由液体形态转变而成。然而，即使温度未达沸点，水也能逐渐地以蒸发的方式转变为气态。尽管在大气中占比较小，气态水却是极为关键的成分。从水蒸气到液态，甚至固态的转换，通常通过云彩、降雨、降雪及其他形式的降水实现，这些过程也是构成气候系统的关键要素（刘昌明等，2023）。可见，如果不存在这种气态水，那么全球的水循环体系将无法运转。

蒸发是指液体表面发生的汽化过程，是气态水形成的主要途径。蒸发在任何温度下都能发生，蒸发过程是吸收热量的过程，如我们在洗完手晾干的过程中可以感受到一丝凉爽。从物理学角度讲，水蒸气

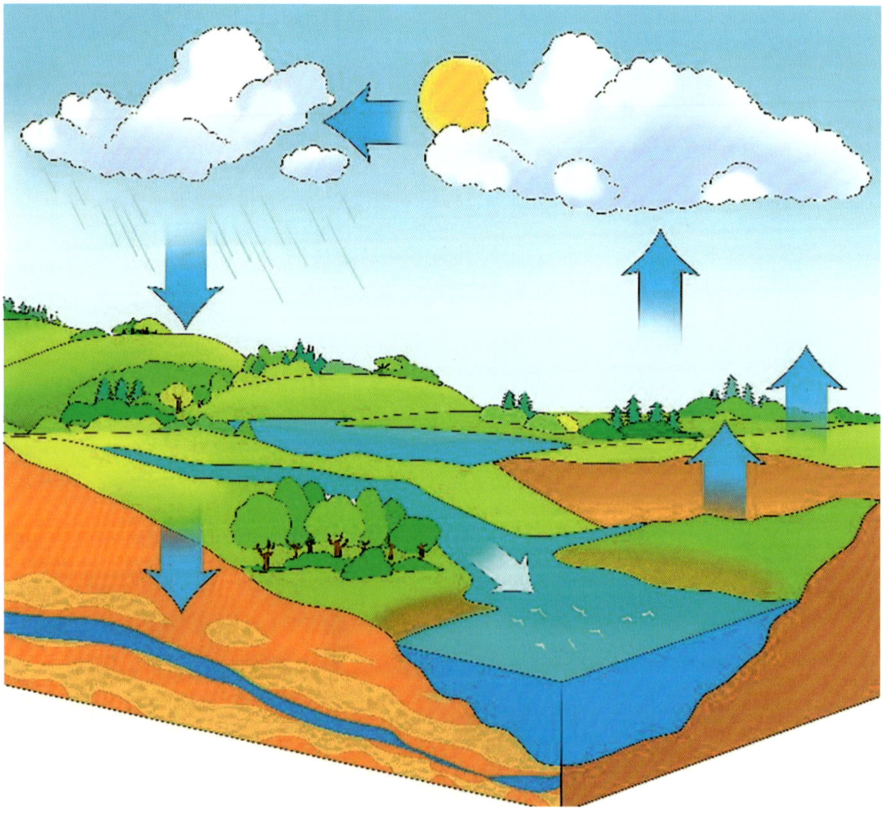

水的循环系统

是指一定空间中完全处于气态的水，而我们知道完全气态的水是无法用肉眼看见的（霍春雨，2023）。因此，在生活中看到的水蒸气其实是气态水与液态水的混合态，并不能称之为严格的气态水。

科普小问答

1. 为解决我国水资源供应紧张的矛盾，作为青少年的我们首先应做到的且在日常生活中可以做到的是（　）。

A. 开采地下水　　B. 人工降雨

C. 治理水污染　　D. 节约用水

2. 我国水资源的空间分布特点是（　）。

A. 北方多南方少　　B. 西北多西南少

C. 南方多北方少　　D. 东北多西南少

3. 水的三种状态是指（　）。

A. 气态、液态、固态　　B. 河水、湖水、海水

C. 蒸发、降水、结冰　　D. 静态、气态、动态

4. 1993 年第 47 届联合国大会将每年的（　）定为世界节水日。

A. 3 月 22 日　　B. 4 月 22 日

C. 5 月 22 日　　D. 7 月 22 日

5. 水是地球上最宝贵的资源之一，人类生活离不开水。人体中，水约占体重的（　）。

A. 71%　　B. 40%

C. 20%　　D. 70%

6. 在野外取水的方法有（　）。

A. 日光蒸馏水、直接取用看见的水　B. 日光蒸馏水、植物中取水

C. 植物中取水、动物体内的水　D. 植物中取水、河流里的水

7. 电解水产生氢气和氧气的体积比为（　）。

A. 1∶2　B. 1∶4

C. 4∶1　D. 2∶1

8. 水的物质构成是（　）。

A. 分子、原子　B. 分子、质子

C. 原子、质子　D. 原子、粒子

9. 水的来源有哪两种学说（　）。

A. 自生说、内物说　B. 自生说、外物说

C. 外生说、自生说　D. 外生说、自物说

10. 在正常气压的状态下，当温度到达（　）时，液态水会凝固成固态水，这个温度被称作凝点。

A. 100 摄氏度　B. 0 摄氏度

C. 99 摄氏度　D. 50 摄氏度

参考答案：DCAADBDACB

第二篇

无处不在的水

地球上的水

地球被人们称为“水球”，素有“三分陆地，七分海洋”之说。据估计，地球上水的总体积约为13.8亿立方千米，当这些水被平铺在地球表面时，相当于约600层楼高的水覆盖在整个地球的表面。的确，我们的地球是一个非常大的水球，拥有着我们难以想象的水量，但是，这些水中约98%都是咸水，也就是我们无法直接利用的水资源，它们主要分布在海洋中。而在剩下的2%淡水中，有88%的淡水被冰冻在两极的冰川中，我们也无法将其开采出来，最后的12%才是我们可以直接利用的河流、湖泊及浅层地下水等（姜靖，2017）。因此可以看出，可以供我们生产生活所使用的淡水资源非常有限。地球上的水可

海上作业

海上航行

以分为咸水和淡水两大类，其中咸水主要指一望无际的海洋水，在海水中含有大量的盐类物质；而淡水包含的种类就非常多了，有河流水、湖泊水、地下水、冰川水等。

● 海洋

我们通过观察地球仪可以看到，在各大陆地之间，将陆地联系在一起的广阔水域便是海洋。通常将海洋的中心称作洋，边缘处则是海。地球上的海洋面积约为 3.6 亿平方千米，约占地球表面积的 71%。在海洋中含有 13.5 亿立方千米的水，是地球总水量的 98% 左右，太平洋、大西洋、印度洋和北冰洋是地球上主要的四大洋，它们的分界线大部分是以陆地与海底的地形线来划分的。目前人类对海底的探索仅占海底的 5%，依然有绝大部分的海底世界是我们未知的。海洋作为地球上覆盖最广泛的水体，自然成为天气和气候的主要驱动力，可以说如

广阔的海洋

果海洋的温度出现了一个小小的变化，那么将引起世界气候发生非常大的变动（王丹宁，2020）。

远古时期的海洋，其水质与现代截然不同，呈现酸性且极度缺氧，通过不断的水循环，即海面水分的蒸发和后续的降水过程，陆地及海底的盐被不断输送至海洋，历经数亿年，海水逐步演变为今天的咸水。当时因为大气层缺少氧气和臭氧，紫外线可以无阻截地到达地表，幸运的是，海洋的存在提供了一个安全的环境，使生命能在古老的海洋中首先诞生（丁禾，1986）。

海洋化石

在大约38亿年前，海洋的怀抱中诞生了最初的有机物，它们从简单的单细胞有机体逐渐进化。6亿年前，海藻类的生物开始出现，它们在光合作用下产生了氧气。随着岁月的流转，氧气积累并最终构筑了臭氧层，这一重大变化使得生命得以迈向陆域。显而易见，原始的海洋正是在历经水体积和盐分的逐步增长，以及地质地貌的持续演变后，才塑造成今日我们所熟知的海洋面貌。

因为海洋中的水属于咸水，所以我们无法直接饮用，但是我们可以利用海水发展航运、海水养殖、海水晒盐等。近年来，越来越多的人开始进行深海探测，寻找深海中的可利用资源。但随着人们对海洋探索的深入，海洋的环境问题日渐严重，石油等污染物的排放、部分生活垃圾倾泻到海洋，对海洋中的生物及环境危害极大。因此，我们在合理开发利用海洋资源的同时，还要注重海洋环境的保护，不能因为经济社会的发展而破坏了蔚蓝的海洋。

海洋渔业

科普小知识　大海的颜色

我们都知道，太阳光是由红、橙、黄、绿、青、蓝、紫七种可见光所组成的，这七种光的频率不同，而海水会吸收不同频率的光。当频率较低的红、橙、黄等光线照到海水中后，会被海水逐步吸收，而频率较高的绿、蓝、紫光线照到海水时，会向四周发生散射和反射，特别是蓝光，海水对蓝光的吸收非常少，但反射和散射的蓝光多，这也正是我们看到海水是蓝色的原因。既然如此，那么其他颜色的海洋又是怎么形成的呢？其实这是因为当海水中某种变色因素强于散射的蓝色时，海水就会显示出其他的颜色。

黄海是我国的一大海域，其靠近岸边的水域通常呈土黄色并显得浑浊。这一颜色特点源于众多河流携带的沉积物，尤其是淮河、碧流

黄海

河以及位于朝鲜半岛的汉江、大同江和清川江，它们均流入这片海域。由于这些河流带来的泥沙含量高，导致黄海近岸水体呈现出显著的黄色，这也是该海域被命名为黄海的原因。

不仅沙砾的搅动能够影响海色的浓淡，海洋生物也能发挥出同样的功能。例如，位于亚非两洲之间的红海，一边紧靠阿拉伯的沙漠，另一边则经受来自撒哈拉沙漠的炎热风息，使得其水域温度偏高，盐度也较为浓厚。这样的环境为赤褐色的海藻提供了理想的生长环境，它们与红海中的珊瑚共生，共同将海水渲染成了独有的红色调，这也正是红海名称的由来。

红海

● 河流

河流，主要由降水或地下水涌出而积聚于地表低处所形成，是沿其自身形成的水道在地心引力的驱动下，持续或周期性地流动的水域（杨树青等，2012）。河流是我们最常见的一种淡水，比如我国的母亲河——黄河、长江，以及世界上最长的河流——尼罗河等。自古以

来，河流就作为一种非常宝贵的资源，为人类的生存和发展提供不竭之源。从远古时代开始，我们的祖先便喜欢依山傍水而居，将居住地建在河流两岸。而我们观察每一条河流可发现，其流动的形态、方式都各有不同，有的河流如猛兽般汹涌澎湃，流速极快；有的河流如小桥流水般温婉细腻，静静地流淌；而有的河流如雄狮般沉稳壮阔，

自然界中的河流

气势恢宏地流向远方；也有的河流流淌到一半便突然消失得无影无踪（吴冒洪等，2014）。那么这些孕育了无数生命的伟大河流是如何形成的呢？

河流的形成需要经历上千年甚至上亿年的时间。起初地球是一片海洋没有任何陆地，经过地壳之间的碰撞挤压，大面积的山川冲出海面成为陆地。而由于降水及冰川融水的存在，在山顶逐渐汇集并向下流淌，水流顺着岩石不断地流淌，慢慢地将岩石侵蚀出一条河道。随着水流汇集得越来越多，河道慢慢延伸变化，便形成了如今我们看到的河流。因为河流诞生的位置不同，所以它们的命运也各不相同。

叶尼塞河河畔

尼罗河河畔

地处高纬度地区的叶尼塞河是俄罗斯第一大河，由南向北流入北冰洋。因其所处地区纬度高、气候寒冷，河流中的水约有一半来自雪水，到了冬季温度降低，河流会出现冰塞及水上冰的现象。而地处低纬度地区的世界第一长河尼罗河则是另一番景象。尼罗河大部分流经沙漠，受当地气候影响，河流主要依靠夏季降水补给。每年 5 月开始，流域降水增多，河流水位开始上涨，一直到 8 月水位上涨到最高点。在这段时间，河流极易发生洪水，易给当地带来洪涝灾害。但也正是这条河流为沿途的人们带来了生存所必需的水源。更有学者曾说过“古埃及是尼罗河的馈赠”，它孕育了人类历史上伟大的文明，但也随时有可能毁掉一座城市。

河流在我们当今的生产生活中有很多的利用价值，我们可以通过落差较大的河流进行水力发电，也可以在较大的河流上修建大坝来调蓄河水，起到蓄洪防旱的作用；我们还可以通过河水养殖鱼类，为沿岸人们带来经济收入，亦可以利用河流美丽独特的风景发展旅游业，吸引各地的人们前来一睹河流的风光（曾晨军等，2023）。

河中大坝

科普小知识

三峡大坝

三峡大坝位于湖北省宜昌市，地处长江干流西陵峡河段，三峡水库东端，控制流域面积约100万平方千米，始建于1994年，集防洪、发电、航运、水资源利用等为一体，是三峡水电站的主体工程、三峡大坝旅游区的核心景观、当今世界上最大的水利枢纽建筑之一。

三峡大坝主要由挡水泄洪主坝体、发电建筑物、通航建筑物等建筑组成，坝体是混凝土重力坝，坝顶高程185米，最大坝高181米，正常蓄水位175米，总库容393亿立方米，其中防洪库容221.5亿立方米，发电总装机容量2250万千瓦，年发电量超1000亿千瓦时。三峡大坝可以改善长江航运条件，使长江年单向通航能力由1000万吨提高到5000万吨，运输成本降低35%~37%。

三峡大坝简图

● 湖泊

湖泊是指湖盆及其中承纳的水体。在我们的生活中经常可以见到大大小小的湖泊，从风景区到公园，甚至是一些居民小区里都能见到湖泊。但是这些湖泊都是一样的吗？实际上湖泊可以分为自然湖泊和人工湖两大类。顾名思义，自然湖泊是通过地壳运动、侵蚀、搬运堆积等作用而形成的湖泊，按照它们不同的成因又可以分为构造湖、冰川湖、堰塞湖、风成湖等。而人工湖便是通过人工建造而成的湖泊，我们在公园或小区中见到的湖泊大部分为人工湖（邢子强等，2019）。

自然界中的湖泊

地球上湖泊总面积约为 270 万平方千米，占陆地面积的 1.8%，面积大于 5000 平方千米的湖泊约有 35 个。湖泊中的湖水主要来源于河流、降水及地下水等，与河流相同，处在不同位置的湖泊所经历的自然作用及演变过程都不相同。如有河流不断流入补给的湖泊，河流中携带的泥沙因流入湖泊流速减慢而慢慢沉积在湖底，导致湖盆逐渐变浅，经过长时间的沉积可能变成一片沼泽；地处干旱地区的湖泊因为降水稀少，湖泊中的水又不断蒸发，当地下水难以补给湖泊时，湖泊中的水盐度升高而变为咸水湖，甚至最终慢慢干涸消失（张皓月等，2016）。

湖泊是全球重要的水资源，其中淡水储量约占全球的0.26%。由于湖泊水可以不断地更新，水中含有丰富的微生物等营养物质，因此湖泊中常常盛产各种鱼、虾、蟹等美食。人们可以利用湖泊周围的土地种植粮食，也可以在湖泊中养殖水产。然而随着工业的发展，有的工厂直接将污水排放至湖泊，导致湖泊面积不断缩小，水质逐渐变差，原本清澈的湖水慢慢变得浑浊。而近年来人们大力整治，恢复湖泊，退耕还湖使湖泊的面积逐渐恢复，同时，禁止污水直接排放也让湖水变得越来越清澈，人们在努力把湖泊的美丽还给它。

山涧湖泊

科普小知识　里海是海吗?

里海是世界上最大的湖泊，位于欧洲和亚洲的交界处，里海也是世界上接壤周边国家最多的湖，一共与5个国家接壤。因其面积较大，里海的生态系统与海洋相似，由此催生出了这里的海运业。里海在地理学上属于“海迹湖”，在1.1万多年前，里海与黑海相连，而后由于地壳运动而分离成为内陆湖泊。尽管被命名为海，但里海实际上并非海洋，而是一个庞大的内流咸湖。之所以用海来称呼它，是由于其面积之广阔，以及它与海洋有着类似的特征，如深蓝的水面和沙质海岸线。

里海

◎世界湖泊之最

最大的湖泊及咸水湖：里海（面积达 371000 平方千米）；
最大的淡水湖：苏必利尔湖（面积达 82100 平方千米）；
最大的人工湖：沃尔特水库（面积达 8502 平方千米）；
最大的火山湖：多巴湖（面积达 1130 平方千米）；
最深的湖泊及淡水湖：贝加尔湖（水深达 1680 米）；
最深的咸水湖：死海（水深达 330 米）；
最高的湖泊及咸水湖：纳木错（湖面海拔约 4718 米）；
最高的淡水湖：玛法木错（湖面海拔约 4585 米）；
最低的湖泊：死海（湖面海拔负 418 米）；
最咸的湖泊：阿萨勒湖（湖面海拔负 155 米，有浮动）；
最长的湖泊：坦干依喀湖（长度大约 660 千米）；
最古老的湖泊：贝加尔湖（已经在地球上存在超过 2500 万年）；
蓄水量最多的湖泊及咸水湖：里海（体积达 78200 立方千米）；
蓄水量最多的淡水湖：贝加尔湖（体积达 23600 立方千米）；
蓄水量最多的人工湖：布拉茨克水库（体积达 169 立方千米）。

● 湿地

在我们生活的城市中，经常会看到许多湿地公园。湿地其实就是陆地与水的一个过渡性地带，土壤长期处于河水的浸泡下，可以生长出许多只有在这种特定环境下才有的植物，也成为特征植物，如芦苇、浮萍等。湿地在世界各地分布都非常广泛，也正是因为其独特的环境，能繁育出多种野生动植物，同时这里也是许多鸟类繁殖和迁徙的不二之选。湿地，因其丰富的生物多样性，被赋予了生态净化系统的重任，被誉为地球上的“肾脏”（蒋高明，2022）。为了守护湿地和它那珍贵的生物资源，1971 年 2 月 2 日，来自全球的 18 个国家共同签署了《关于特别是作为水禽栖息地的国际重要湿地公约》正式签订，截至 2022 年，签署国家已增至 172 个，且有 2791 片湿地被列为国际重要湿地。

自然界中的湿地

● 冰川水

冰川水也被叫作冰河，我们看到的冰川通常非常壮观而且几乎不会融化，这是因为冰川是在 0 摄氏度以下，降雪量大但融化的雪量小，由此慢慢积累后又经过了一系列物理变化而形成的。冰川的形成条件决定了它只能存在于极寒之地，也就是南极、北极及一些高海拔的山脉上。我们知道温度在 0 摄氏度以下时水才能结成冰，而且冰不会融化。在山脉上，随着海拔的升高，温度越来越低，海拔每上升 100 米，气温就下降 0.6 摄氏度，当海拔升高到温度在 0 摄氏度以下时会出现积雪，而这个分界线被称为雪线。在丹麦格陵兰岛上，这里的冰川不在山上，而是在一片大陆上，因此也被称作大陆冰川；而其他的冰川只存在于高大的山脉上，被称作山岳冰川。

如此美丽庞大的冰川是如何形成的呢？要想形成冰川，首先需要水，如降雪、雾、雹等；其次需要让水结成冰，也就是足够低的温度。

降雪

冰川

除此之外，如果山脉比较陡峭，降雪会因为地心引力的作用而向下滑落，很难稳定地待在山脉上，从而没法积雪成冰，因此，形成冰川的山脉不能太陡峭。在冰川冰形成的早期，它呈现出乳白色；然后，随着时间的流逝，冰川冰逐渐变得密实，其中的气泡相应地减少；最终，它变成了晶莹剔透的冰晶般的存在。但是从粒雪变成最终的冰川冰需要的时间非常长，因此，我们现在看到的宏伟的冰川都是经过了数百年甚至数千年之久（张瑞江，2016）。

冰川的分布其实非常广泛，从两极地区到两极之间的高山地带都能见到冰川的身影，在整个地球上，有 10% 的陆地被冰川所覆盖，而且有 4/5 的淡水储存在冰川中。地球上的冰川面积约为 2900 万平方千米，其中储存的淡水资源非常多，但是可供我们直接利用的非常少，在现代冰川中，有 97% 的面积位于南极大陆，99% 的冰量被格陵兰两大冰盖所占，尤其是南极大陆的冰盖所占面积达到了 1398 万平方千米，最大的厚度超过了 4000 米。

自然界中的冰川水

科普小知识

赤道上的雪山

在非洲坦桑尼亚东北部及东非大裂谷的南侧，屹立着乞力马扎罗山，是一处显著的自然地标，同时它还是坦桑尼亚和肯尼亚之间的分水岭。这里是非洲最高的山脉，它既是一座休眠火山，同时也是一座雪山。这里最高海拔5892米，因为这里位于热带地区，拥有足够的水汽和高海拔，使得山顶形成积雪且常年不化，这也便造成了赤道雪山这一奇特的景观。在这座山上生存着热、温、寒三带的野生动植物，然而随着全球变暖步伐的逐渐加快，山上的冰雪出现了快速融化，冰川正在以惊人的速度消失。事实上，近几十年间，这里的冰川面积已经缩减了超过80%，有环境学者警示说，如果以这样的速度继续下去，乞力马扎罗山的雪顶可能会在10年内全部融解，届时，这座位于赤道的雪山将不复存在，我们将再也看不到这座雪山独有的壮丽景象。

乞力马扎罗山

大自然中的水

大自然中的水一部分存在于我们的日常生活中，如河流、湖泊、降雨、降雪等；还有一部分是我们日常生活中难以发觉的，如流淌在岩石缝隙中的水、存在于空气中的气态水及地下暗河等。在自然界中，我们通常将水分为地表水和地下水两大类。顾名思义，地表水便是存在于地面上的水，而地下水则是存在于地下的水。那么，大自然中的水是一成不变的吗？它们又是如何变化的呢？

大自然中的水当然不是一成不变的，相反，它们总是在不断发生变化的，而大自然中的水相互变化的过程就是水循环。地球的水循环是一场永无止境的旅程，包括水在太阳热量和地心引力的驱动下，经历蒸发、水蒸气传输、降水、地表渗透及流动等过程，不断往返于大自然中。例如，地面上流淌的河水经过太阳的照射，使河流表面水分

城市与水

子的动能变大，从而摆脱水分子之间的束缚力，蒸发成水蒸气运动到大气中去（肖显杨等，2024）。水循环形成的外部原因主要是太阳辐射和重力作用，它们为水循环提供了水分子运动所需的能量，而形成水循环的内部原因则是水的三态变化，没有水的三态变化便无法实现降水、蒸发等一系列过程。降水、蒸发和径流作为水循环中最重要的三个环节，决定着全球的水量平衡和地区的水资源总量。

海洋中的水通过蒸发变成水汽到了云朵中，这些水汽有一部分在原地形成降水重新落回到海洋中，这组成了海上内循环的过程，也被称为海洋循环。还有一部分水汽输送到陆地的上空，当遇到适宜的条件后便形成降水降落到陆地上。降落到陆地的水一部分直接流入河流湖泊，变成地表径流；另一部分通过土壤向下渗入地下，变成地下径流。渗入地下的水一部分被地面的植物吸收，再通过植物的蒸腾作用重新蒸发成水汽到空气中。上述这几个过程便组成了陆上内循环，也

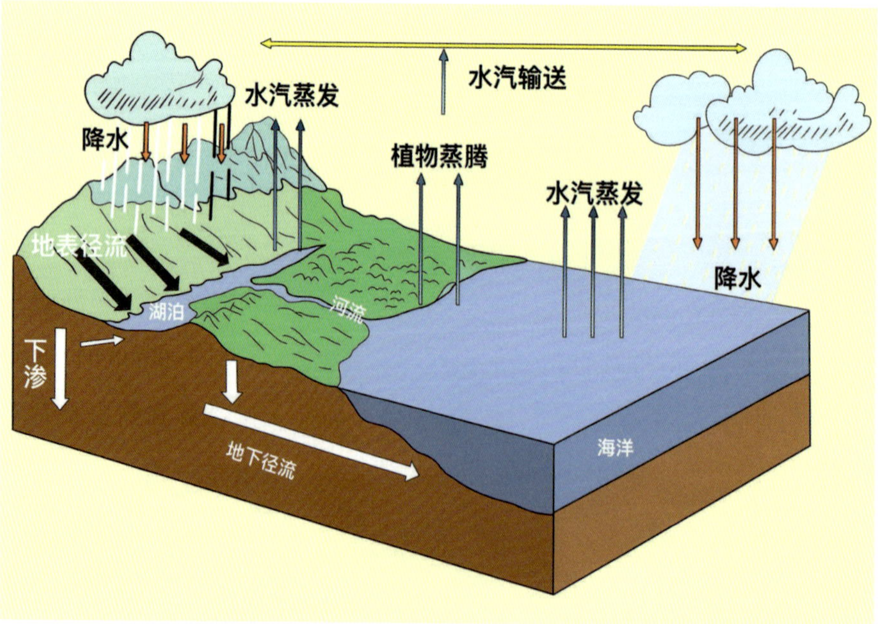

水的循环

被称为陆地循环。地表径流和地下径流随着水流慢慢流动，最终又重新流回海洋中，这所有的过程构成海陆间水的循环过程（施建成等，2021）。水的循环使地球上各种形式的水以不同的周期和速度更新，这种循环复原的特性，可以用水的交换周期表示。由于各种形式水的储蓄形式不一致，各种水的交换周期也不一致，例如，大气水为0.025~0.03 年，河水（外流）为 0.03~0.05 年，湖泊淡水为 10~100 年，地下水为 100~1000 年，海洋水约为 5000 年。

自然界中的水

水循环的作用主要有三个方面：一是，物质循环与水循环密不可分，水作为一切营养物质的介质，水循环推动了营养物质的循环；二是，水是一种非常好的溶剂，因此水循环在生态系统中起着“搬运工”的作用，可以将能量在生态系统中不断传递和利用；三是，水循环是引起地质元素变化的原因之一，比如一个地方元素的流失和另一个地方元素的增加，都是依靠水的循环完成的。

水循环是一个永不停歇的动态系统。在太阳辐射和地球引力的作用下，水在各组分之间不停地运动，形成了全球的海陆间循环。正是通过水循环，地球上各种水体联系起来，并在不断更新中长期存在。海陆间的水循环是整个水循环中最主要的环节，其意义最重大，蒸发、降水、径流环节共同构成了淡水的动态循环，淡水是我们利用最多的也是最容易被利用的水资源。

海陆间水循环

在大自然中，水循环占有非常重要的地位，它是联系地球各个圈层和水体的“纽带”，也是调节各组分之间能量的“调节器”，对气候变化起着重要的作用。同时，水循环又是一个“雕塑家”，它通过流水的搬运、堆积和侵蚀作用，将地表塑造成多姿多彩的模样；它更是一个永不停歇的“传送带”，将地球表面的物质携带运输到各地（马建霞等，2020）。也正是因为有了水循环的存在，地球上的各种水体才得以不断补充和更新。

科普小知识　喀斯特地貌

喀斯特地貌是地下水与地表水对可溶性岩石溶蚀与沉淀、侵蚀与沉积等作用形成的地貌，是我国五大造型地貌之一，在我国也被叫作岩溶地貌。喀斯特地貌在我国的分布广泛，集中分布于广西、云南、贵州等地，在四川、重庆、湖南、山西、甘肃、西藏等地也有分布。喀斯特地貌在地表和地下都有分布，在地表形成有喀斯特漏斗、落水洞、峰林、孤峰等，在地下形成有溶洞、地下河、暗湖等，有名的桂林石林便是典型的喀斯特地貌。

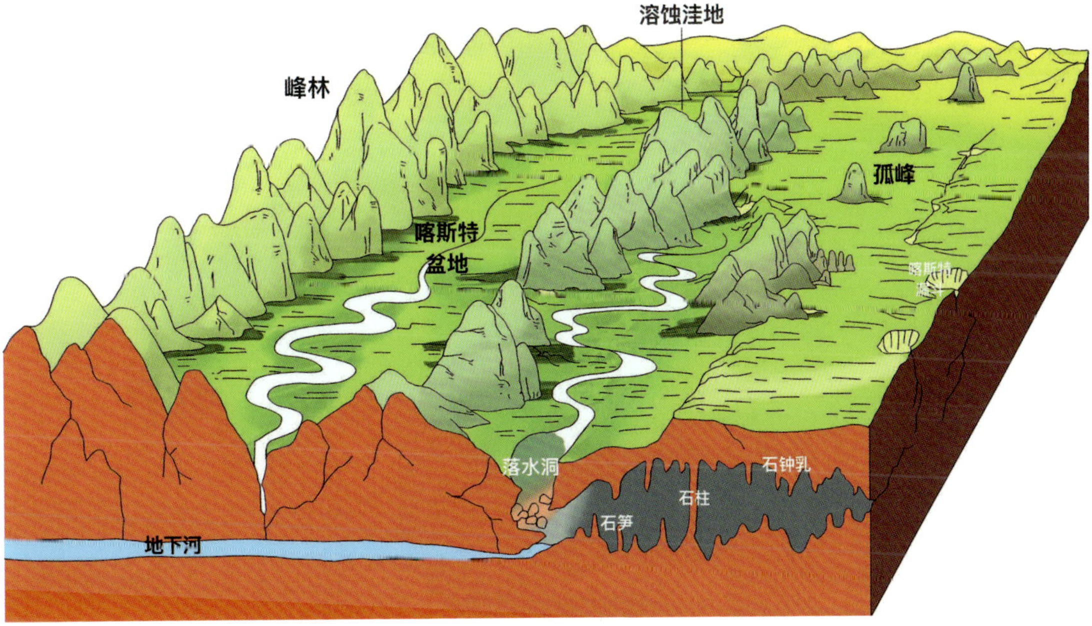

喀斯特地貌

生活中的水

水在我们的生活中起着重要的作用，生活用水是我们平时接触最多、最直接的一种用水方式。生活用水包括城镇生活用水和农村生活用水，城镇生活用水由居民用水和公共用水组成，农村生活用水由居民生活用水和牲畜用水组成。2021 年，全国用水总量为 5920.2 亿立方米，其中，生活用水为 909.4 亿立方米，占用水总量的 15.4%。在我们的日常生活中用水主要包括饮用、洗漱、洗衣、洗菜、拖地、厕用等，一般来说，每月人均生活用水为 3~4 吨。城镇居民每人每天用水量为 100~150 升，热带地区农村居民每人每天用水量为 65~85 升。水在日常生活中扮演着不可替代的角色，不仅可以用来洗脸、洗澡、洗衣等，还可以杀毒灭菌，处于高温和高压下的水可以杀死许多微生物和细菌（张誉等，2023）。那么水在生活中主要有哪些用途呢?

生活中的水

首先，在日常生活中，水最常见的功能便是满足日常饮用。水在人体内占体重的70%左右，它参与了人体的各种代谢过程，确保了身体各个组织和器官的正常运作，维持着人体所必需的正常生理机能。同时，健康、洁净的水还可以增强人体的免疫能力，有利于促进细胞的新陈代谢。世界卫生组织的调查表明：80%的疾病都与饮水不当有关，水质不良可引起多种疾病。因此，饮用水安全对人类至关重要。

其次，水还可以在清洗过程中充当溶剂，让其他物质能够充分混合，发生特定的物理、化学反应。在溶剂之中，水分子很特别，具有很强的极性，表面张力很大，对生活中常见的各种物质都有很好的浸润、亲和能力，如清洗污渍、血渍、蛋白渍等都有很明显的优势（李凯等，2022）。但是对于非极性物质，比如油脂等，效果就比较差了，但是可以更换其他液体做清洁用，比如酒精之类的有机溶剂。用水清洁的好处很多，包括人在内的所有生物都含有水，水对人是基本无害的，所以用水做清洁，一是安全，清洗过的物体上残留的水通常不会被认为是污染物；二是水的成本低，可以说几乎找不到比它更廉价的溶剂了；三是水性质稳定，不燃烧，不爆炸，用它来洗大多数东西不会有危险，也不怕泄漏。

水的加热

再次，随着时代的发展和人们生活水平的提高，人们对于食品的需求日趋多样化，越来越倾向于追求健康、营养和安全的食品。在食品生产过程中，水是必不可少的原材料之一。水在食品加工中会起到冷却、加热、清洗等作用。例如，在食品的冷却过程中，水的温度被调节以便去除食品表面的细菌，从而保证食品的安全性。在加工食品时，热水可以将食品中的微生物杀死，使得加工出来的食品更加安全和卫生。另外，水对于食品配制和加工的质量也非常重要，在面制品、糖果和饮料等食品生产过程中，水是一个重要的原材料，蒸馏、煮沸、腌制和发酵都离不开水，酱油、醋、汽水、啤酒等其实都是水的化身。

烹饪用水

水在园林绿化中也发挥着重要的作用。水对植物的生长是必不可少的，因为植物需要水分才能进行光合作用和正常生长。在干旱的气候条件下，植物很容易因为缺乏水分而出现生长停滞或死亡的现象。同时，水能够通过蒸发的方式调节空气的湿润度和温度，这在夏天时尤为重要，适量的水可以为园林绿化环境降温，使其更加舒适和宜人，还能够减少空气中的粉尘和花粉。此外，水还可以制作成水景，比如喷泉、小池塘，起到美化环境的作用，可以为园林环境增添自然的美感和环境的温润感（田海涛，2023）。

我国是世界上水力发电量最多的国家，其次是巴西、美国和俄罗

城市园林

斯，2020 年我国水力发电量占我国发电总量的 17.0%。我国水力发电量虽然位居全球首位，但在本国的发电结构中占比并不高。2020 年水力发电占本国发电总量最高的国家是巴西（约 64.0%），其次是加拿大（约 60.0%）。2020 年我国发电以燃煤发电为主（约占 63.2%），其次是水力发电，居第二位（约占 17.0%）。我国水力发电约占全球水力发电总量的 30.8%，但水电资源蕴藏量世界第一，技术可开发量约为 5.4 亿千瓦，经济可开发量约 4 亿千瓦。我国拥有世界上最丰富的水力能资源，包括理论上的储量、技术可开发和经济效益可观的量级，同时在已经建立和正在建设的项目方面也领先全球，这些水资源是我国能源体系中极为重要的一环（任海波等，2019）。

水力发电

人体中的水

没有水，就没有生命；没有水，就没有万物的生机勃勃；没有水，人类将无法生存；生命，起源于水。人体中的水主要被划分为三个核心区域：细胞内液、细胞外液、血浆。首先，位于我们身体百万计的细胞内的体液被称为细胞内液，约占我们体重的 40%，是最大的一个部分；其次，分布在细胞外部的体液被称为细胞外液，约占我们体重的 15%，位居第二；再次，血管中最主要的成分血浆，约占我们体重的 4%；还有约占我们体重的 1% 为淋巴液和脑脊液等。这些不同的水分区域被特定的隔膜所隔离，例如，细胞膜将细胞内外液体进行了划分，而血管壁则区分开组织液与血浆。尽管这三个区域各有其功能，但它们又紧密地协作，共同维持着生命活动，为我们的健康保驾护航。

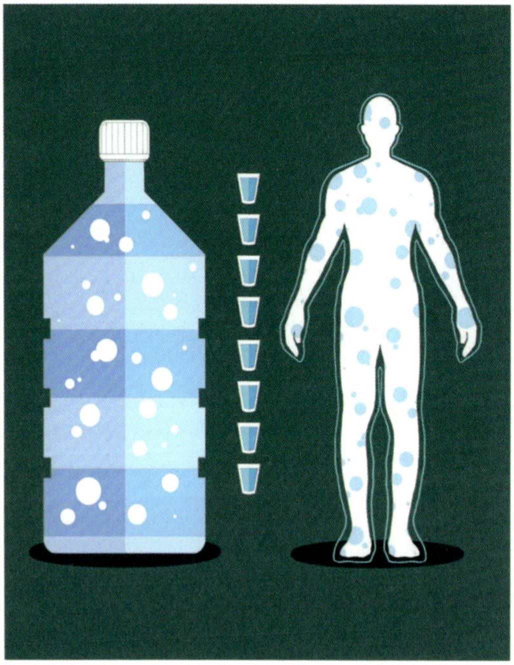

人体与水

可以说，人的生命过程是以水为核心的。在成年人的体内，水分占据了约 70% 的体重比例。如果更细致地观察，你会发现脑部的含水量达到约 75%，心脏约 80%，肝脏约 68%，肾脏约 83%，血液约

83%，肌肉约 76%，甚至看似坚固的骨骼也有 22% 的水分含量，这都足以证明水在我们生命中的重要性（周长勇等，2012）。

生命与水

水，是生命之源，早在我们尚未诞生之前，在母体中孕育的时期，水分占我们的体重可高达 98%。随着生命的成长，一个 3 个月大的婴儿体内，水分的含量会下降到大约 90%。而婴儿到了 8 个月大时，水分含量进一步降到约 81%。待我们年满 16 岁时，体内的水分比例逐渐稳定于成年人的标准。然后，随着岁月的流逝，我们身体里的水分会逐步流失。一旦步入 60 岁以后，男性体内的水分含量将降至约 50%，女性则降至约 45%。在人体不断衰老的过程中，水分的减少是不可避免的现象，年纪越大，对水的渴求也越发增加。水分的匮乏不仅会加速我们的衰老速度，还可能扰乱新陈代谢的正常流程，并成为多种健康问题的触发因素。

水对于人体的生理作用具体可以概括为以下几个方面。

运输作用：水可以运送水溶性物质（如矿物质、维生素、蛋白质、葡萄糖等）以及养分，同时将体内的代谢产物排出体外。

调节体温：水是调节体温的重要工具，水的比热容大，在炎热环境中人通过排汗可以带走多余的热量以调节体温（王绍林等，2003）。

化学反应：水是人体内所有化学反应的场所，同时水还参与水解反应，分解摄入的大分子营养物质。蛋白质、碳水化合物和脂肪的消化吸收都需要水的帮助。

水的生理作用

润滑保护：大脑、心脏、肺等重要脏器及关节都是由水包围着的，关节液、脑脊液、心包腔液和胸腹腔内液体可以帮助润滑、保护重要器官，而羊水是我们出生之前保护我们的液体系统。

体内的水总是处在动态平衡的状态，摄入量基本与排出量相等，变化幅度一般在1%~2%以内。一个体重70千克的成年人，通过皮肤蒸发、排泄等多种途径，每日排出水的总量为2500毫升左右。正常情况下，一个健康的成年人每日应补充2500毫升左右的水。除了日常饮用的水以外，饮食中的肉蛋奶、瓜果蔬菜、五谷杂粮等，也会为人体提供所需的水分。总体而言，每天人体需要通过饮水获取大概1500~1700毫升的水（李金玉等，2000）。

如果一杯水的容量为200毫升，那么每天需饮水大约7~8杯。在高温天气或者运动强度较大的情况下，还需要再补充1/3的水量以满足人体需求，使人体内的水保持动态平衡状态。人体的细胞膜中均含有一类蛋白，当钙、钠、钾、镁等离子与蛋白结合后，会在水的作用下从细胞膜的一侧穿越到另一侧，从而造成细胞膜两侧的电势差，形成水电势能。水电势能是大脑工作的主要能量来源。

每日饮水

科普小知识　缺水后的失衡人体

人体缺乏水分时，体液的浓度就会增高，细胞产生的能量就会减弱。受工作负荷量、机体健康状况、周围温度和湿度等诸多因素的影响，人体会释放出不同程度的缺水信号。随着缺水量的变化，人体会逐渐呈现出不同的失衡状态。

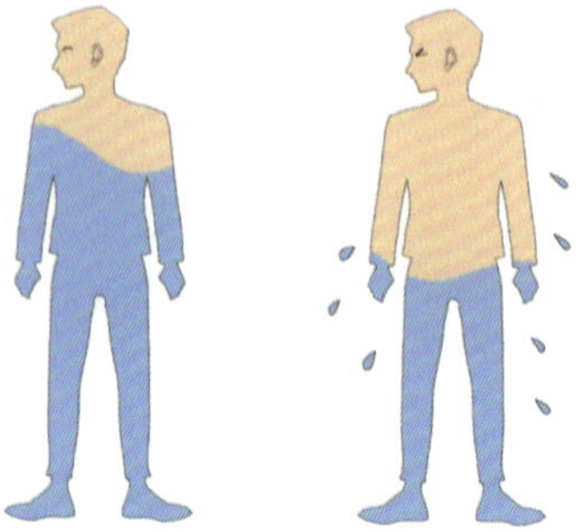

人体水失衡

一般情况下，当我们感到口渴之前，体内就已经缺少 1% 的水分或是已经失去相当于人体总重量约 2% 的水分。当人体处于不缺水的状态时，面部的皮肤是光滑红润的；当人体缺水时，嘴唇会出现干裂，面部会出现皱褶；当人体缺水严重时，不仅显得面容憔悴，精神上还会出现恍惚，而当人体缺水 3~7 天后，将面临死亡。随着水分不断流失，我们首先会感觉到口渴和口干；接着是身体变得燥热，情绪开始压抑；随后，食欲下降，头痛和烦躁感逐渐明显，感到极度困乏且难以集中精神。当失水状态持续时，我们会注意到尿量减少，尿液颜色变深，气味也更为浓重。如若不迅速补水，体温可能升高，血压降低，皮肤出现干燥、失去弹性。过度的呼吸会导致四肢麻木，严重者可能会晕厥，甚至威胁生命安全。

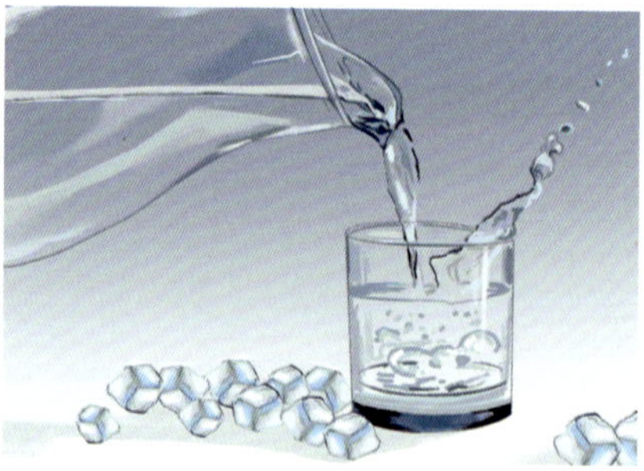

生活饮水

生物研究发现，当人体发生脱水时，损失的水分中约有 60% 来自细胞内部。所以说，当人体脱水时，脱水最严重的是细胞，由于细胞的脱水，导致其能量短缺，从而引发机体各种生理机能停滞。大脑是人体的核心控制系统，因此，当人体脱水时，大脑是受影响最严重的部位。

科普小问答

1. 修建水库的目的在于（　　）。

A. 调节径流量的时间变化　　B 改变水资源的空间分布

C. 节约水资源　　D. 发展淡水养殖业

2. 通常所说的水资源（　　）。

A. 包括江河、湖泊的淡水和海水

B. 包括深层地下水

C. 包括陆地永久冰川的水体

D. 是指一个地区可以逐年恢复和更新并能被利用的淡水资源

3. 地下水严重超采极易导致（　　）。

A. 水土流失　　B. 森林破坏

C. 地面沉降　　D. 火山、地震

4. 地球上的水绝大部分是（　　）。

A. 冰川　　B. 江河湖泊水

C. 地下水　　D. 海洋水

5. 目前影响饮用水水质改善的因素是（　　）。

A. 资源短缺和用水浪费

B. 水源、自来水厂、管网、二次供水等多环节制约

C. 局部地区时常发生水质污染

D. 以上都是

6. 关于我国水资源的错误说法是（　　）。

A. 占全球水资源的 6%，名列世界第四位

B. 地大物博水资源丰富

C. 人均水资源占有量大约为 2300 立方米

D. 世界上用水量最多的国家

7. 结合“世界水日”，我国把每年的（　）所在的那一周定为“中国水周”，每年有特定的宣传主题。

A. 3 月 22 日　　B. 5 月 22 日

C. 7 月 22 日　　D. 8 月 22 日

8. 下列有关水的叙述中，不正确的是（　　）。

A. 水是人类宝贵的资源

B. 自然界的水都是混合物

C. 过滤能除去天然水中的所有杂质

D. 用肥皂水可以区分硬水和软水

9. 下列做法有利于保护水资源的是（　　）。

A. 生活污水直接排放　　B. 生活中节约用水

C. 大量开采使用地下水　　D. 大量使用化肥和农药

10. 下列生活中的做法，不利于节约用水的是（　　）。

A. 用淘米水浇花　　B. 用洗过衣服的水冲马桶

C. 隔夜的白开水直接倒掉　　D. 洗手打肥皂时暂时关闭水龙头

参考答案：ADCDDBACBC

第三篇

包罗万象的水

水和天气

天气的变化与地球上的水和水循环有着密不可分的关系。出门之前，人们都需要查看一下天气状况，确定一下温度，穿什么类型的衣服，是否降雨，是否需要带伞，或乘坐何种交通工具；紫外线是否强，是否需要擦防晒霜；污染级别，是否需要佩戴口罩等。下面让我们来认识一下生活中常见的天气有哪些。

● 风

风，是自然界中空气移动的现象，主要源于太阳的热量。当阳光照射地球时，地面吸收热能，导致地表气温上升；随着温度的升高，地面附近的空气因受热而膨胀，并开始上升。这些被加热的空气在升至高空后，受到周围较冷空气的影响，开始冷却下来，密度增加，于

自然界中的风

是下降。而由于地球表面持续接受阳光的照射，保持高温，因此再次使得空气变暖，继续上升，从而形成循环。这种由温度引起的空气上下循环流动，就形成了我们所称的风（王信达，2010）。

科普小知识　风力发电

风力发电是指把风的动能转化为电能的过程。风是一种无污染的清洁能源，利用风力发电非常环保，而且可以产生巨大的电能，所以世界上越来越多的国家更加重视风力发电（陈兆仁，2013）。风能，作为一种替代能源具有巨大的潜力，但其也曾在历史的长河中引发过巨大的灾害。回溯到18世纪初期，英国和法国曾遭受过一次毁灭性的风暴，这场风暴摧毁了约400座磨坊、800座住宅及100座教堂，同时超过400艘帆船被破坏，数千人因此受伤，大约25万棵树也未能幸免，被风暴连根拔起。仅仅是树木被拔起这一项就足以证明风能在短短几秒

风力发电

内产生出相当于1000万马力[1]的功率。据估计，地球上的风力资源有可能产生出约100亿千瓦的电力，这相当于目前全球水力发电量的10倍以上。目前，每年通过燃烧煤炭获得的总能量仅相当于风力能在一年内提供的能量的三分之一。因此，风力发电受到世界各国的广泛关注。

● 云

云，是大气中的水蒸气遇冷凝华成的小冰晶或是液化成的小水滴，所混合而成的悬浮在空中可见的聚合物。那么，云的形成过程是怎样的呢？

自然界中的云

云的形成是两个核心要素相互作用的结果，这两个核心要素一是充足的水汽，二是有空气的冷却。这两个要素缺一不可，共同作用才能使水汽在大气中达到饱和状态，进而形成云。而其中所需要的充足的水汽主要是来自江河、海洋的蒸发及植物的蒸腾。

在大气层中，从地表向上，我们会发现一个现象：距离地表越近，温度就越高，空气也就越发密实；而随着高度的高升，离地表越远，

[1] 1马力=735.499W。

温度会逐渐减低，空气变得稀薄（朱星，2022）。当水蒸气进入这个层次时，随着攀升的过程和空气质量的减轻，气压也随之下降，这导致上升中的水蒸气由于其体积缩小而造成密度增大进而引发膨胀。水蒸气在膨胀过程中，会消耗本身的热能，随着高度上升，空气中的温度开始降低。温度的下降使得大气对水蒸气的容纳能力有所减少，一旦温度降到特定程度，空气中的水蒸气会饱和，如果此时空气继续上升，将会有过多的水蒸气析出。在高度上升的过程中，如果大气温度高于 0 摄氏度，这些多余的水蒸气会凝结成小水滴；如果温度低于 0 摄氏度，它们就会转化为小冰晶。随着小水滴和小冰晶的逐渐积累，它们相互聚集在一起，当数量达到一定程度时，就形成了我们肉眼可见的云。除了具备充足的水汽和空气冷却这两个基础条件，形成云还有一个关键因素就是凝结核。

大气循环

在绝对无杂质的空气中，水蒸气找不到任何依附的凝结核。然而，现实情况是，大气中充斥着各种颗粒，如尘埃、盐粒和烟雾等微小物质，它们统称为凝结核。当云开始形成时，这些微粒扮演了至关重要的角色，它们不仅促进水蒸气的凝聚，还让水蒸气得以附着。得益于凝结核的存在，众多水蒸气分子相互碰撞并结合，最终集结成形状、大小不一的云朵，完成了由分散到聚集的过程（林欢等，2023）。

● 雨

雨，是大气水循环受到干扰时的一种自然落水现象，是地球水循环中不可替代的环节。它为许多离河流较远的植物供应着生命之源——淡水，雨，往往是这些植物唯一的水源。雨在降落过程中，或大或小，或急或缓。雨的形成过程始于地球表面的水体蒸发形成的水蒸气，这些水蒸气攀升至一定高度后，凝结成微小的水滴。这些水滴汇聚成云，在云内相互碰撞并融合，当它们的重力超过空气的承托力时，便从云层坠落，化为雨滴（周道祥，2023）。雨水是珍贵的淡水资源，不仅支撑着人类社会的日常生活，还滋养着大地万物，让动物、植物、微生物等在细雨与甘露中茁壮成长。

自然界中的雨

● 雾

雾，是由大气中悬浮的微小水滴或冰晶所组成的一种现象，通常在地面附近遇到。它产生于空气的温度降到露点之际，即空气中的水蒸气达到饱和状态并凝结出水滴或冰晶时，这些悬浮在空气中的水滴我们便称之为雾。与云相比，云悬浮在更高的大气层中，而雾则更接近我们（樊新华，2019）。雾的种类繁多，其形成取决于不同的条件。当环境温度高于 0 摄氏度时，水蒸气会凝结成小液滴；而温度若低于 0 摄氏度，则会直接变成冰晶，形成如霜一般的现象。雾形成的两大要素主要有：一是空气中水蒸气含量的增加；二是气温下降至露点以下。尽管看起来并不严重，但雾中却可能含有众多对健康有害的成分，例如盐、胺、酚类及酸和碱等化学物质。不仅如此，雾中还可能夹带有花粉、螨、尘埃及多种致病微生物，比如结核杆菌、肺炎球菌和流感病毒，它们的含量往往是正常空气中的多倍。

自然界中的雾

霾

霾，一种典型的空气污染状态，是因大气中的悬浮颗粒物含量超标而产生的现象。这种污染物中包含硫酸、灰尘、硝酸和有机碳氢化合物等微粒，这些粒子使空气显得模糊不清，特别是 PM 2.5，即空气动力学直径不超过 2.5 微米的细颗粒物，它们被视作引发灰霾的“主犯”。随着空气质量逐步下降，灰霾事件频发，其造成的危害也愈发严重（顾瑞珍等，2013）。在我国的许多地区，人们将霾和雾视为一体，共同作为灾害性天气进行预警和预报。霾和雾相比，霾对人体健康的危害更大。由于霾中悬浮的颗粒物直径一般小于 0.01 微米，其可直接通过人体的呼吸系统进入支气管，甚至肺部，霾对人体呼吸系统的影响主要是会引起呼吸道疾病、脑血管疾病、鼻腔炎症等疾病。同时，霾天气时，气压降低，空气中可吸入颗粒物剧增，空气流动性变差，有害病毒和细菌向周围扩散的速度变慢，引起空气中细菌、病毒浓度的增高，疾病传播的风险也相应升高（吴云，2018）。因此，霾天气时要减少外出，但当必须出门时，需做好自我防护，佩戴相应口罩。

城市与霾

露与霜

露珠，是空中的水蒸气在地面或物体表面凝结成水，这个现象通常发生在傍晚到夜间，因为这时的地面向空中释放热能，自身温度下降，导致紧贴地面的气层也降温，当其气温降到露点时，空气中的水蒸气达到过饱和状态，便在地面和物体上形成水汽凝结。如果这时露点温度高于 0 摄氏度，小水珠便会出现在地面或物体上，这就是我们所说的露（颜秉芝等，2011）。

露珠

霜，作为另一种自然现象，是当地面附近的空气因地面辐射冷却作用降至低于霜点（即露点温度降至 0 摄氏度以下）时，在地表或物体表面直接由水蒸气凝华形成的白色冰状结晶体。与露的形成机制相似，都是在空气中相对湿度达到饱和后，水分自空气中凝结而出的结果。两者之异，在于露点是水汽转化为液态露的温度，高于冰点；而霜点则是水汽直接转化为固态霜的温度，低于冰点。因此，只有当近地面温度降至 0 摄氏度以下时，霜才得以形成。霜多见于秋季至春季时节。在气象学上，秋季首次出现的霜被冠以“早霜”或“初霜”之名，而春季最末一场霜则称为“晚霜”或“终霜”。自终霜结束至初霜降临之间的时段，即为无霜期。

科普小知识　雾凇与雨凇

在自然界中，水滴与冰晶的形态并非总是霜或露，某些相似于霜和露的现象，实际是由其他的气候条件引发的。冬日早期和末段，一种奇特景象时有出现：自空中降落的液态雨滴，在触达电线、枝杈乃至其他物体的刹那，会迅即转变为一层通透且表面光滑的冰层，这一现象称为“雨凇”。这种液体转固体的现象为何会发生呢？

雨凇

实际上，这些并非常见雨滴。而是被称为过冷雨滴。此情形常在暖空气与冷空气对峙，而前者势力较强之际出现。地表层的空气温度略低于0摄氏度时，其上覆盖着一层温度高于0摄氏度的空气或云层，再高则是气温低于0摄氏度的云层，从该层落下的雪花穿越暖层，融化成雨点，之后当雨点进入近地的冷气层，它们迅速冷却下来，由于雨点体积细小，在尚未完全冻结之时已落至地面，一旦接触低温物体，便立刻凝结为“雨凇”。由过冷却的水滴构成的雾，极易在地面物体上促进冰晶的生长，形成树枝和电线上的白茫茫冻花，这一自然美景被称为“雾凇”。当气温高于0摄氏度且有雾时，这些微小的水珠便黏附于树叶或其他表面，并逐渐积聚，形成了我们所说的“雾凇”，这种现象在森林中尤为显眼。由于它们与霜、露的形成过程有所区别，所以它们并不归属于这两类天气现象。

● 雪

众所周知，云是由许多小水滴和小冰晶组成的，雨是由这些小水滴变大降落而形成的。那么，雪是怎么形成的呢？

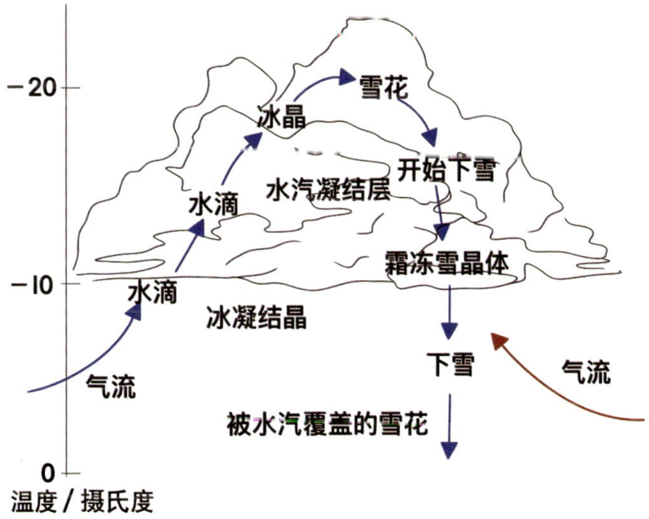

雪的形成简图

当空气中的温度降到0摄氏度以下时，水滴与冰晶接触，会被冻结，并附着在冰晶的表面上，冰晶会逐渐增大。随着冰晶的增大，自身的重量大于空气的阻力和浮力时，就会形成雪落到地面（姚锦桃等，2012）。在初春和秋末，靠近地面的空气在0摄氏度以上，高空中形成的雪花没有来得及完全融化就落到了地面，这叫作降“湿雪”，或“雨雪并降”，这种现象在气象学里称为“雨夹雪”。

科普小知识

雪花的形状

雪花的形状极多，且十分美丽。如果把雪花放在显微镜下，可以发现每片雪花都是一幅极其精美的图案。雪花的形状连许多艺术家都赞叹不止。那么，各种各样的雪花形状是怎样形成的呢？

雪花的形成过程主要受云层内部的温度与湿度的影响。20世纪30年代，日本学者中谷宇吉郎在实验室环境中模拟了雪花形成的过程，通过观察揭示了雪花形状变化的规律，并创作了详细的雪花形态图解。

雪花的形状

六翼的星形雪花，这种最庞大且镜头感最强的形态，仅在−15摄氏度左右的狭窄温度区间的云层中出现；而普通的针状和柱状雪花，

通常在 –6 摄氏度的云层环境下生成。高湿度的云层孕育出的是更为繁复的树枝状雪花，相较之下，低湿度云层则倾向于产生简单的板状或柱状晶体。尽管科学家们正在努力探寻能够预测雪花形状的理论方程，但特定形状背后的精确形成变量仍然未知。随着研究的深入，雪花晶体的种类持续增加。回溯 20 世纪 30 年代的初期研究发现，雪花被划分为 21 个不同的形状类别；到了 50 年代，这一数字增长至 42 类；60 年代，进一步增至 80 类；截至 2013 年，已达到惊人的 121 个分类型。

● 冰雹

冰雹，常被人们称作雹子，是夏季及春夏交替时期的一种频繁的天气现象。它由冰晶形成，形态上可以是球形、锥形或不规则形状的固体。尺寸从小巧如黄豆或绿豆般大小，至大如栗子乃至鸡蛋不等。

冰雹

冰雹是如何形成的呢？在地面，水分受太阳热量作用蒸发，上升至高空时，众多水蒸气会汇聚并凝结成云层。若遇到冷空气，水汽会液化，与空气中的灰尘粒子结合形成凝结核，进而演变为雨滴或者冰晶。随着体积的增长，当地面温度下降到一定程度，空气中的水蒸气将处于过饱和状态，降水便发生。而当缺乏凝结核且遇冷，蒸气会直接凝华为冰粒或雪片，即降雪。如果温度骤降，则可生成较大的冰块，即冰雹（李佳奇等，2016）。

冰雹属于极端的气象事件，尽管它的出现范围较为局限，时间也短暂，但其来势迅猛且力量庞大，通常还伴随着暴雨和猛烈大风等其他恶劣天气状况，会给农作物带来很大危害。我国是全球冰雹灾害高发的国家之一，每年冰雹对电网、建筑、农业、交通网络、通信设施及人民的生命财产安全都会造成重大损失。

● 彩虹

炎炎夏日，倾盆大雨过后，天空中经常会出现一个内紫外红、颜色有序排列的半圆形彩色光带，这就是大自然中奇妙的光学现象——彩虹,简称为虹。彩虹是如何产生的呢？其实,我们常见的太阳光是白光,它是由红、橙、黄、绿、蓝、靛、紫等各色光混合而成的，如果让一束太阳光穿过一块三棱镜，太阳光可以被分解为五颜六色的光带。

自然界中的彩虹

水滴的形状像是一个个圆球，太阳光照射过来时，会以不同的角度进入空气中的水滴，从水滴射出之后就被分散成彩色的光带。由于太阳光中的各种色光具有不同的特性，当它们从水滴中出来时会有不同的方向，根据各种色光的性质，从高到低依次可以将从红到紫的各种色光射到我们的眼睛里，这样就形成了美丽的彩虹（陈美华，2007）。当雨滴小到一定程度时，各色光的分光和反射不明显，彩虹就消失了，这说明彩虹的形成与空气中水滴的多少、大小和阳光的明暗、照射的角度有着密切的关系，因此并不是在雨后都会看到彩虹。彩虹最常在夏日下午、阵雨后刚转天晴时出现。而冬天，天气一般比较冷，空气干燥，下雨较少，阵雨就更少，多数是降雪，而降雪是不会形成虹的，所以冬天很少出现彩虹。

科普小知识　灾害天气

灾害天气是对人民生命财产有着严重威胁、对交通运输和工农业会造成重大损失的天气，如冰雹、大风、大雾、寒潮、霜冻、暴雨、龙卷风等，其一般都具有突发性，通常发生在不同的季节。

◎寒潮

寒潮是冬季常见的一种极端天气事件，又被称作寒流。这一现象主要是来自较高纬度的寒冷气体在特定气候条件下急剧增强，并顺着气流路径向中低纬度地带迅速推进，引发沿途地区剧烈的温度下降、猛烈的大风和降雪。一旦这样的冷气团达到特定标准，就被定义为一次寒潮事件（王晓骞等，2019）。寒潮在我国各地均有可能发生，其影响范围广，常导致冻害、霜打等多样化的自然灾害。

寒潮一般多发生在初春、秋末和冬季，因各地受地理环境和气候条件影响，南方和北方的寒潮标准也不相同。南方地区，一个寒潮被认定为 24 小时内气温骤降 8 摄氏度，或者在 48 小时内气温下降 10 摄氏度以上，且最低温度需要低于 5 摄氏度；而北方，则以 24 小时内降温超过 10 摄氏度，或 48 小时内降温超过 12 摄氏度来界定寒潮，并且要求最低温度降至 4 摄氏度以下（周国军等，2015）。

城市积雪

如果冷空气的冷却效果未达到特定标准，我们可以根据温度下降的程度，将其归类为弱、中、强或特强冷空气。

◎强对流天气

在气象学中，强对流天气被定义为一种变化快速、突然发生、剧烈的气候现象，包括冰雹、雷雨、大风、局部暴雨和龙卷风等。这种天气现象主要出现在中小尺度的气候系统中，其空间范围相对较小，水平距离通常在十几千米至几百千米之间，大多数情况下在 200 千米以内，有的情况下甚至只有几十米到十几千米（周一民等，2018）。强对流天气的发展周期短暂且突发性强，持续时间为 1 小时至数小时，而有些情况下可能仅几分钟至 1 小时。它们经常在独立的对流云块或对流云系中形成。当强对流天气来袭时，常伴随着疾风骤雨及电闪雷鸣等恶劣的气候条件，这不仅会损害农作物，毁坏房屋建筑，还会对通信和交通设施造成破坏，并可能造成人身伤害，甚至更严重的后果。

强对流天气是由于空气强烈的垂直运动而引起的天气现象。其中最为典型的就是夏季午后的强对流天气：白天天气晴朗，太阳辐射较强，使得近地面的气温迅速升高，近地面的空气吸收足够的热量之后，就会膨胀，密度减小，在浮力的作用下上升，上升到一定的高度，由于气温的降低，冷却为小水滴，再下降。在小水滴下降的过程中，会遇到更强烈的上升气流，会被携带着上升，如此反复不断，小水滴愈来愈大，变为大水滴，最终上升的气流无法支撑其重量，最后下降成雨。这也就是为什么夏季的雷雨雨滴较大，不像春雨那样细雨绵绵。

面对强对流天气，我们不仅要密切关注相关的预警和预报，更应尽可能避免进行户外活动。一旦在室外遭遇强对流天气，应尽量远离广告牌、棚架等搭建物，并紧急寻找安全区域进行避难。例如，选择进入具有防雷设施且抗风能力强大的建筑中，紧闭门窗，并保持与危险的天线、电源、金属门窗、铁丝网等带电设备或金属装置的安全距离，以保障个人安全。

强对流天气

水和人类

水不仅对生命本身有着重要作用，对于整个人类的发展也起着至关重要的作用。世界上最早的人类文明，发源于两河流域的苏美尔文明，到我国长江中下游的河姆渡文明，再到世界四大文明古国的兴亡，水在其中都发挥着重要的作用。古代人们多喜欢依山傍水建立自己的聚居地，因为有了水源，人们便可以生存下去，也可以种植粮食等。因此，漫长的人类古代文明史，实际上就是一部人与水的角逐史（张雷等，2015）。而到了现代社会，水资源在人类发展的过程中仍占据着重要地位，但由于人类发展越来越多元化，工业、农业用水量大大增加，且随着经济社会发展，水污染与短缺等已变成全世界需要共同面对的问题。因此，水资源也慢慢成为制约人类发展的一个非常重要的因素。经历了工业革命时期后，人们越发意识到水资

古人类生活

现代生活

源对人类工业生产和生活的重要性。可以说，水是人类发展过程中所必需的资源，也是人类生存的必要条件，水在自然界及人类发展历程中的作用是任何资源都无法替代的。

世界水资源

水资源对我国，乃至世界都有着重要的影响，国内外学者始终在尝试如何评估水的价值，但直到现在都无法找到一个准确的评估方法。人们更多地着眼于经济与利益，但与可持续发展相比，经济利益仅仅是一个短期利益，环境与社会的发展才是需要从长计议的重要利益（郭艳，2020）。现如今，水资源短缺已经成为一个非常严峻的世界问题。目前，全球正面临一个紧急的水资源危机，约26%的全球人口，相当于大约20亿人，无法获得安全的饮用水，约36亿人缺乏合适的卫生设施。每年还有20亿~30亿人至少会经历一个月的水资源短缺，这对他们的日常生活造成了非常大的影响。在2019年，约有140万例死亡人口归因于水资源的短缺。据报告预计，全球面临缺水问题的城市人口将从2016年的9.3亿增长到2050年的17亿~24亿。

地球与水

可见，全球缺水问题日渐严峻，整个人类

海洋作业

的发展也面临着巨大的挑战。《2023 年联合国世界水发展报告》的主题为“水伙伴与合作”，呼吁全球各国在可持续发展的各个层面上建立伙伴关系和加强合作，进行全球水资源的综合管理。现如今，几乎所有与水相关的措施都涉及部门或国家之间的合作，如农业种植需要农民与灌溉系统合作，城市与农村地区供水及用水安全也需要供水与卫生系统共同维持（邓少波等，2015）。而一条流经多个国家的跨境河流管理起来更为复杂，现已有研究证实，开展跨境河流的合作管理具有能够保证水安全、增加外交渠道等诸多益处。总而言之，水是我们共同的宝贵资源，我们必须在使用与管理水资源方面加强国际合作，以防止全球水危机走向失控。

● 农业用水

在农业生产领域，水是农业生产的生命之源，农业生产的整个过程都离不开水。从种子的播种，直到种子生长成熟，是一个不断需水的过程。对于我国的农业类型来讲，灌溉农业是主要的农业类型。水利部数据显示，在 2022 年，我国农业用水为 3781.3 亿立方米，占总

农业农田

量用水的 63%；我国农业灌溉的面积约 9 亿亩，灌溉面积占我国总耕地面积的 50% 以上，居世界之首。在这些灌溉农业土地上，生产出了占全国总量 75% 的粮食和 90% 以上的经济作物。可以说，这部分耕地是确保我国人民吃得上饭的粮仓，也是为我国农业增加收入的重要部分，其重要性不言而喻。然而，我国每单位耕地的水资源拥有量仅为全球平均的 67%，而在单位灌溉面积上，我国的水资源数量仅占全球平均水平的 19%，因此，我国的农业发展需水量大且用水问题将变得越来越困难。根据近 10 年的农业数据来看，我国平均每年因旱灾造成的减产约 2467 万平方千米，减产粮食约 300 亿千克。在农业与水的关系中，水资源的多少及质量直接影响着我们的生产生活，与我们每个人都息息相关。

此外，在人口增长和工农业快速发展的情况下，农业水污染正在逐渐变成一个非常重要的问题。在农业生产中，化肥和农药的大量使用，使其中的有害物质流入水中，这种污染在水中长期积累，水环境不断恶化。另外，由于各地区农业发展的速度不同，使用的灌溉设施也不相同，但大部分地区的农业灌溉依然采用大水漫灌的方式，水的灌溉量远远大于作物的需水量，农业用水过程中的水资源浪费现象较为严重（张军，2023）。

随着农业灌溉技术的提升，为提高灌溉水的利用率，各种农业用水节约措施和技术被应用。目前，我国的节水措施主要有：①农艺节水，如膜下滴灌、微灌、渗灌等节水技术，通过在地面上覆盖一层地膜来减少水分的蒸发，保持土壤水分，从而提高灌溉水的利用率。②生物节水，主要措施是为节水抗旱的主要农作物品种建立原种繁育基地，从而培育出主要农作物节水抗旱品种的繁育体系，从而加快抗旱新品种的推广；根据不同农作物性质及地区条件进行分析，优化农作物的种类和质量，寻找最为合适的用水量。③工程节水，主要是修建多种拦水、蓄水设施，如池、塘、库、堤、窖、坑等，保证节水灌溉措施的顺利实施，用最少的水保证作物的优质生长，提高种植效率（吕文金，2023）。

工业生产

经过一系列节水策略的推行，我国的节水农业取得了显著的进展。到 2020 年年末，我国累计节水灌溉地面积已经达到 5.67 亿亩。其中，高效节水技术，例如喷灌、微灌及管道输水等，已经应用于 3.5 亿亩

农业喷灌

的农田。2022 年，全国农田的灌溉水利用率（即作物实际吸收和利用的水量与灌溉水源总用水量的比例）已提高至 0.565，超出了“十三五”时期国民经济和社会发展规划纲要设定的目标。随着大型和中型灌溉区域节水设施的建立和改进，我国的有效灌溉面积从 1949 年的 2.4 亿亩增加到了 2021 年的 10.55 亿亩，我国已成为世界最大的农田灌溉国。

● 工业用水

除去农业用水外，工业也是我国重要的用水部门之一。数据显示，2022 年我国工业用水量 968.4 亿立方米，占全国用水总量的 16.1%。工业用水主要是指在工业生产过程中使用的生产用水及工厂内的生活用水，主要包括直接作为原料或作为原料的一部分用水、产品处理用水、锅炉用水、冷却用水等。其中，冷却用水在工业用水中占 60%~70%。工业用水最显著的特征是用水量大，我国城镇的工业用水量约占全国总用水量的 20%，随着城市化和工业化的发展，工业用水量还会不断增加。在工业用水的同时，大量工业废水被直接排放至河流、湖泊中，我国城镇工业废水的排放量约占总排水量的 49%，水中大量有毒有害物质被排入水中，导致水源发生了污染，水资源环境逐渐恶化。同时，由于水源被不同程度地污染，也大大加重了我国水资源的短缺。在工业用水缺乏的同时，浪费现象也非常严重。实际上，大部分工业用水在经过处理后是可以重复利用的，但我国城镇工业用水的重复利用率仅为 52%，各行业间的差距非常大。

工业用水

工厂中的水

在工业用水方面，为了缓解用水短缺及浪费等问题，我国同样也采取了许多节水措施。首先是加强企业用水管理，通过开源和节流两个方向，共同节水。开源指的是通过利用海水、人工制冷等措施，减少冷却水的用量和水的损失，提高用水效率（程继军等，2023）。节流则是通过建立出台相关用水制度，实行节水责任制，由专人监督管理，并进行必要的奖惩措施，从而达到减少浪费、节约用水的效果。其次，从技术层面来看，可以通过工艺改革来节约用水，实行清洁生产的战略，改变工业的生产工艺或采用节水甚至无水生产，合理优化调整工业生产布局，从而减少工业生产对水的需求。这种方式能够从根本上有效减少水资源的浪费，提高工业用水的利用率。最后，还可以通过改变生活用水方式，如改用直流水为循环水等，来提高水的循环利用率及回用率，这种方式通常不需要做非常大的改变，对生产过程影响较小，是工业节水中的主要途径。从利用量来看，我国城市污水处理再利用量并不高，用于工业的比例空间还很大，在未来的工业节水发展中，提高工业用水的循环利用是非常重要的节水方式。

工业污水处理

水的污染

根据我国小康网发起的调查，2022 年度公众对水污染问题的关注首次超过了对空气污染的关注，水污染问题位居对健康构成严重威胁的各类污染之首。这一数据揭示了公众对水污染的关注正在不断加深，更多的人开始意识到水污染的严重性。在农业和工业快速发展的背景下，随着社会的进步和生活水平的提升，我们对水资源的需求持续上升。但与此同时，生态环境的破坏和水资源利用中的不当行为引发的水污染问题对人类的生活环境和健康带来了不容忽视的威胁。那么，具体来说，水污染究竟涉及哪些具体的问题和方面呢?

排放的污水

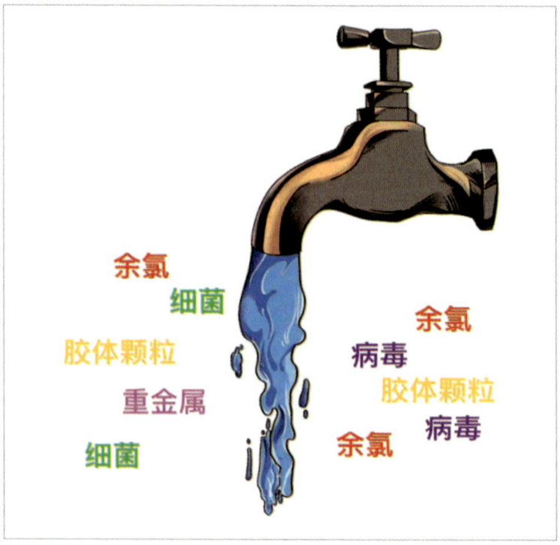

污水成分

水污染问题源于有害物质对水体的污染，导致水的使用价值下降甚至完全丧失，最终对环境造成破坏。污水中常见的有害成分包括酸、碱、氧化剂及铜、镉、汞、砷等化学物质，还有苯、二氯乙烷等有机毒素，这些物质会威胁水中生物的生存，干扰整个水生态系统的平衡。当这些污染物质超出水域的自然净化能力时，该区域的水资源将退化为一片无法支持生命的死水（王琦等，2023）。当污水中的有机物被水中微生物分解时，微生物会消耗掉水中的氧气，导致水中生物缺乏氧气而死亡；当水中氧气耗尽时，厌氧微生物继续分解有机物，产生硫化氢等难闻的气体，这也是为什么污水经常发出难闻的臭味的原因。水污染主要是由人类的生产生活及不合理排放而引起的，分为工业、农业及生活污染源三类。

● 工业污染

工业污染源是整个水域污染源中非常重要的一部分，工业废水具有产生量大、扩散面积广、化学物质含量多且复杂、毒性大，难以净化等特点，这导致在对工业废水的处理上变得非常困难，由此也引发了不少工业的水污染事件。

工业污水排放

1956年在日本发生水俣病事件，因工厂将未经处理的含汞废水排入海中，在海中发生一系列反应形成了甲基汞，鱼在海中摄入食物进入其体内，再通过猫的捕食及人类的摄入，导致当地的猫纷纷中毒跳海自杀，而当地也有2000多人因此中毒，1000人左右因此丧生。1986年的11月，瑞士巴塞尔市的桑多兹化工厂发生了一起仓库火灾事件，导致近30吨剧毒化学物质，包括硫化物、磷化物及含有水银的产品，随着灭火剂和水流入了莱茵河。这些毒性极强的物质在莱茵河中顺流而下，影响了150千米范围内的河流生态，使得超过60万条鱼死亡；同时，河岸两侧500千米以内的井水受到了严重污染，不再适合人类饮用，这使得沿河的自来水厂不得不关闭，甚至导致当地的啤酒厂停产。这次灾难的经济损失是无法估量的，有毒物质已经沉积在了河底，据估计，依靠河水的自然净化能力，至少需要20年的时间才能恢复到原来的状态。

在我国同样也有许多工业污染事件。2021年1月21日，四川省广元市西湾水厂取水口铊浓度超标，导致水厂供水安全受到威胁，是一起影响重大的突发环境事件。经调查，2021年1月20日起，嘉陵江陕西入四川断面的铊浓度出现异常，超过标准浓度的0.12倍，在1月21日23时超出标准浓度的1倍，达到峰值。经专家核算，此次事件铊浓度异常的河道约长248千米，其中嘉陵江干流约187千米；一级支流青泥河约52千米，东渡河约1千米；

排放的工业污水

二级支流南河约长 8 千米。本次事件的应急响应阶段共造成直接经济损失 1807.7 万元。经调查分析，本次事件铊浓度异常是企业日常性铊排放量增加、叠加枯水期水环境容量减少造成的。本次事件虽没有对人们的生命造成直接影响，但对水源的污染造成了严重影响和较大的经济损失。因工业污染而造成的环境事件还有很多，例如 2010 年发生在福建紫金矿业的有毒废水泄漏事件，从排洪洞流入汀江 9100 立方米的污水，直接造成汀江流域仅棉花滩库区的死鱼和鱼中毒就达到约 378 万斤。2011 年 12 月，位于江西省德兴市的江西矿业多家下属

工业污水处理

矿山公司被爆出常年违规往安乐河排污，导致污水污染了下游乐平市的 9 个乡镇多达 40 多万群众的用水。2013 年河南省驻马店市的“酱油河”是由于练江河沿岸大量污水排放，把河水变得又脏又臭，颜色像酱油一样，而且一些河段的河面上还漂浮着大量红色细虫。要知道，在练江河的下游是亚洲最大的人工湖——宿鸭湖，总面积达 239 平方千米，练江河污染事件的严重程度不言而喻。一次又一次工业废水排放不当导致的严重污染事件，警示着我们要重视工业废水对水源的污染，停止工业废水的不合理排放。

水污染

随着对工业污水问题处理关注的加强，我国也在不断完善工业废水治理措施，后续出台了“水十条”等措施，督促各涉水企业加快安装废水处理设施，提高工业废水排放标准，加大监管力度（姜练发等，

2023）。随着工业废水处理厂的不断增加，我国污水处理能力也在不断提高，而工业废水再生利用也是我国减少工业废水排放量的重要方式之一。工业废水再生利用的典型流程是以区域工业废水处理设施的放流水为水源，经处理后由再生水配水系统供给区域内用户使用或供其他用途，工业废水再生利用主要是再用于工业用水使用，或工业区内的生活次级用水使用，如冲厕、地板清洗、洗车等非与人体接触的用途（苏翰诗等，2021）。

科普小知识　工业废水处理

工业废水治理主要是指在工业生产过程中，将用过的水经过合理的处理后回用于生产或者妥善排放出厂的过程，包括生产用水的管理和为便于治理废水而采取的措施。在工厂中，生产用过的水一般有三种处理方式：

一是经过简单的处理或只需基本净化即可再度使用，这种水污染程度相对较低，内含杂质少。在某些情况下，它可能会返回到原始的工序中，形成循环用水体系；其他情况，则可能供不同的工艺进行利用。

二是经过适当的预处理，在工厂中使用过的水达到城市用水水质标准后，便排放至城市的污水处理系统或合流管道中。

三是在工厂内部对废水进行处理，以使其达到排入自然水体，或者接入市政雨水系统，甚至用于农田灌溉的标准，然后才能进行排放。通过这种方式，可以对废水进行再利用，不仅能够实现最大化地利用资源，同时能够减少或避免环境污染，还可以降低企业用水成本。这是一项非常有效的水污染防控措施，使我国水资源短缺的问题得到缓解，其重要性不言而喻。

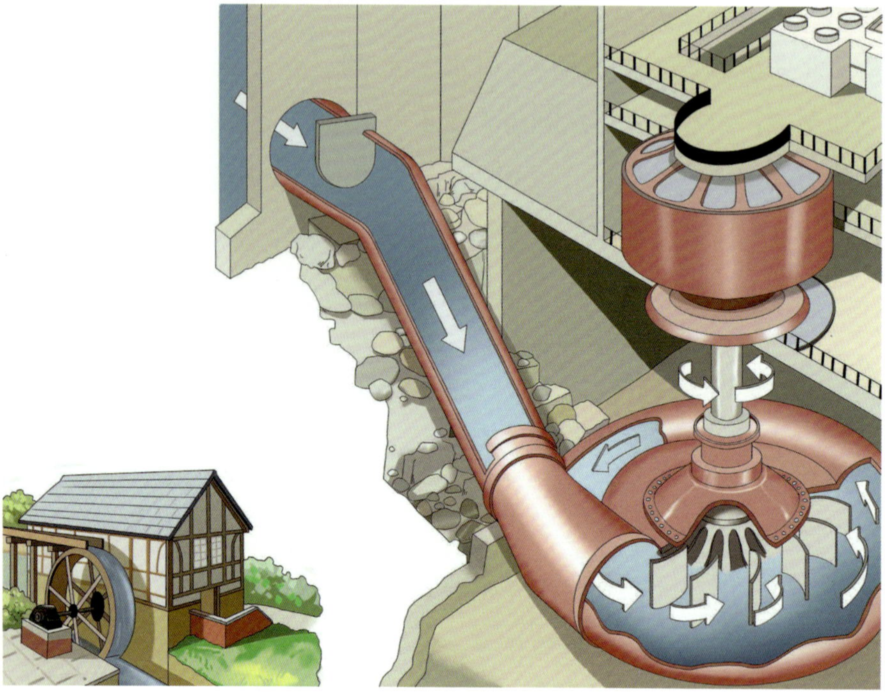

工业废水处理

● 农业污染

农业污染源包括牲畜粪便及农药化肥等。与工业污染源不同的是，农业污染源中含有的有机物、营养物质和微生物较多，这些物质流入水中后会导致水体的富营养化、水中藻类异常繁殖，瓦解原本的水生态系统等危害（吴键文等，2024）。据数据显示，我国1亿公顷的耕地和220万公顷的草原上，每年使用的农药为110万吨左右，而我国又是一个水土流失非常严重的国家，这些农药会随着水土流失到水中，致使约2/3的湖泊被污染。农业污染非常典型的事件是美国墨西哥湾的鱼虾死亡事件，在20世纪50年代左右，美国墨西哥湾的渔民发现

农业农药喷洒

农业大气污染

每到夏季，鱼虾的产量锐减，甚至在海滩处出现大规模鱼虾死亡的现象，科学家们针对此现象进行了一系列研究，最终发现导致该地区夏季鱼虾大量死亡的原因是水体富营养化。墨西哥湾的淡水主要来自密西西比河，密西西比河河水中富含氮磷等营养物质，刺激了墨西哥湾的藻类生长，从而形成了水华或赤潮现象。藻类死亡后会沉入海底，成为底层分解者的能量来源，分解者分解藻类消耗大量氧气，导致海底的氧气不足，形成缺氧区，导致了鱼虾的死亡。而导致水体富营养化的氮、磷元素正是密西西比河地区的农业污染物。调查发现，在墨西哥湾的农业污染物排放量中，70% 以上的氮、磷来源于农业生产，其中粮食作物生产排放了 66% 的氮和 43% 的磷，牧草生产排放了 5% 的氮和 37% 的磷。由于该地区大力发展农业种植，忽略了农业排放对环境的影响而导致此事件的发生。

● 生活污染

生活污水主要是指我们日常生活中所产生的含有洗涤剂、垃圾等的污水，这些污水大多都是无毒的，但是其中含有的氮、磷及致病细菌较多，在排入河流湖泊时也会对水体造成不同程度的污染（杨欣，2019）。根据世界卫生组织儿童基金会供水和环境卫生部门的联合监测，全球至少有 12 亿人使用的饮用水源受粪便污染，而且还有更多的饮用水水源地和供水系统正在被污染。我国大部分河流受到过不同程度的污染，90% 以上的城市水域也遭到过污染，这不仅导致原本生活在这里的鱼虾绝迹，更严重的是威胁了我们的饮水安全。放眼全球，不清洁水和恶劣的卫生条件是儿童死亡的主要原因，供水不足、卫生设施不到位、水源中含有传染病病原体及个人卫生习惯都与儿童腹泻密切相关。据统计，每年约有 150 万儿童死于腹泻，这些儿童大多生活在发展中国家，目前世界上仍有很多国家的人们时时刻刻都在面临着这些问题。

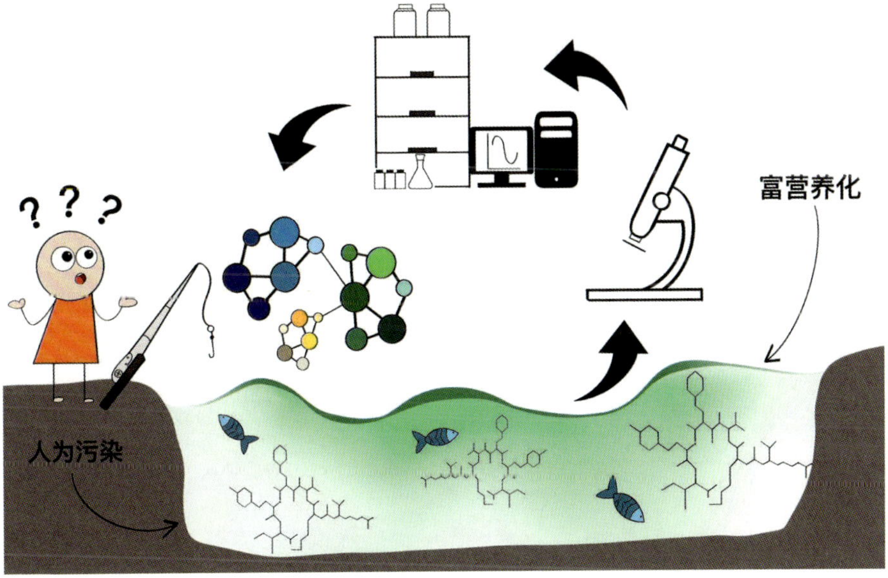

生活污水

● 地下水污染

上面所讲述的大部分是工业、农业和生活用水对于河流、湖泊等地表水的污染，那么地下水是否也会受到污染呢？

通过水循环可以知道，地球上的水始终处于一个不断循环、周而复始的状态，因此，当地表水受到污染时，地下水也会受到不同程度的污染。地下水的污染通常是指由于人类的各种行为导致地下水中的化学组成、物理状态及生物特性发生改变，从而造成水质降低的情况。地下水与地表水的不同之处在于，地下水的流动速度缓慢，且地层复杂，因此地下水污染具有隐蔽性、难以逆转性和滞后性的特点（黄永军等，2022）。也就是说，如果地下水受到了污染，它的自我恢复过程非常缓慢，需要经过十几年甚至几十年才能使其水质恢复，而且由于地层复杂多变，人为干预的能力变得非常有限。地下水的污染源主

地下水污染

要有工业废水的直接排放、被污染的地表水通过土壤下渗进入地下水中、人畜粪便或过量使用农药而导致的下渗等，其污染物质主要有硝酸盐类物质、石油产品及细菌病毒等（刘会群，2024）。在国际地下水研讨会上，我国地质调查局的专家揭示了一个令人关切的现状：我国约 9 成的地下水道正在面临污染问题，其中多达 6 成污染状况严重。在 118 座城市的持续观测数据中，我们可见 64% 的城市地下水水质受到严重的污染，33% 的水源轻微受损，只有极少数，即约 3% 的城市地下水保持了相对清洁状态。2017 年的华北平原污水渗透事件就是地下水质量危机的典型案例：2017 年，在华北平原多地发现充满工业废水的巨坑，据调查，是周边的工厂将含有多种有毒化学物质的工业废水直接倒入坑内导致的，且废水存在的时间在 3 年以上。经过如此长的时间，废水早已渗入土壤及地下水中，对地下水及周边农田都造成了巨大影响，同时也造成了巨大的经济损失。

近年来，国家对于地下水污染的防治问题给予了高度重视，制定了一系列相关政策，持续开展地下水环境状况调查，不断提高对地下水环境的监管能力，持续完善地下水环境制度体系，减少地下水的污染。防治水污染是一项非常重要的任务，我们必须保证饮用水的安全及整个水体生态系统的良性循环。为此，应加大对水污染的监管力度，严查直接排放废水的企业，严格保护好水源地地区的生态环境，禁止任何污水排入源头，最大限度地降低对河流的污染。而作为社会公民，我们应不断提升对水的认识，提高保护水、节约水的意识，共同参与到防治水污染的活动中来，为我们的生活提供更好的环境，不要让地球上的最后一滴水变成我们的眼泪，也不要让原本蔚蓝的地球变得满目疮痍。

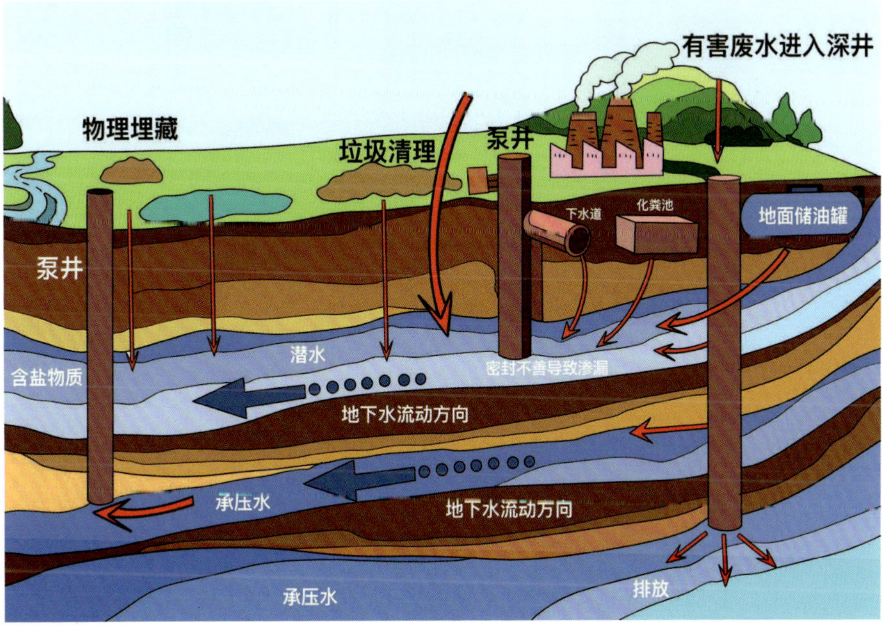

地下水

污水处理

污水是指由于人类日常生活、生产和工业活动所产生的含有各种污染物质的水体，这些污染物质包括但不限于有机物、无机物、悬浮物及微生物等。污水处理主要是对污水进行深度清洁，以去除其中的各种污染物质，并将其转化为符合环境排放标准或可再利用的水质要求。

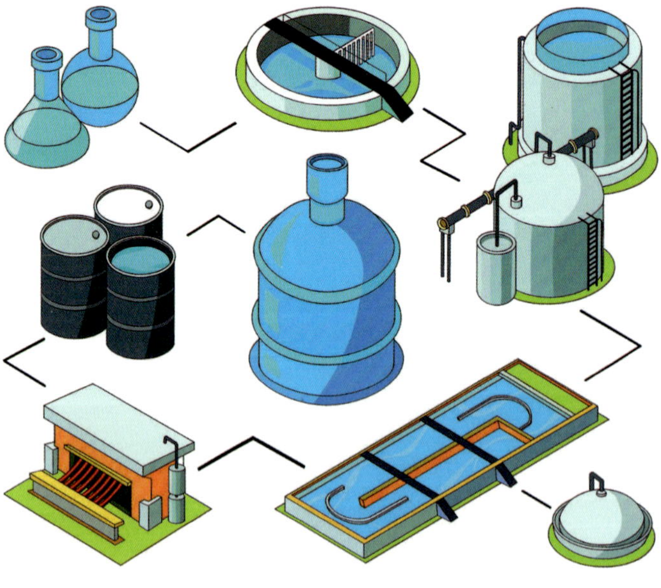

污水处理设备

污水的特点和组成

污水的特征主要体现在其含有大量有机物质、高浓度悬浮物质及颜色浑浊，此外，其 pH 偏酸或偏碱，其成分主要包括有机物质、无机盐类、悬浮物及微生物等。

有机物是一类含有碳元素的化合物，其中主要包括蛋白质、脂肪和糖类等，这些有机物在生命体系中扮演着重要的角色，如蛋白质为构成细胞结构和提供能量，脂肪为维持身体正常运转所必需，糖类则为人体提供能量来源。水体中的有机物质是微生物繁殖和滋生的营养基础，但同时过量存在也会使水体变得浑浊。氨氮、硫酸盐和硝酸盐是无机盐的主要成分之一，浓度超标会使得水体的生态环境受到一定程度的影响。水体中的悬浮物主要包括悬浮颗粒和泥沙等，这些物质会使水变得浑浊，影响水的透明度和质量（汪炎，2022）。细菌、病毒等微生物则构成了微生物世界，它们可能对人类的健康造成潜在威胁。

● 污水处理过程

污水处理过程一般分为四个阶段，包括预处理、初级处理、中级处理和高级处理。

预处理：预处理主要是对污水进行初步的处理，包括除砂、除油、除渣等工艺。经过预处理后，污水中的大颗粒悬浮物和沉积物可以被有效地去除，从而减轻了后续处理工艺所需承担的负荷。

污水处理厂

初级处理：初级处理主要是通过物理和化学方法去除污水中的悬浮物、有机物和部分无机盐。常见的初步处理技术有多种，其中包括格栅、沉砂池、沉淀池、流动床等。初级处理能够有效地降低污水的浊度和有机物含量，从而减少对后续处理工艺的影响。

中级处理：中级处理主要是通过生物处理方法去除污水中的有机物和微生物。常见的工艺有活性污泥法、固定床生物反应器和人工湿地等。采用中级处理技术可以有效地降低污水中的有机物含量和微生物数量，从而有效提高水质。

高级处理：高级处理主要是通过化学和物理方法去除污水中的微量有机物、无机盐和微生物。经过高级处理的污水可以被净化至相应的排放标准或者达到可再利用的水质要求（杨爽等，2024）。

污水预处理

● 污水处理技术

污水处理技术通常用于城市生活污水处理、工业废水处理及农村污水处理等领域。

物理处理技术： 主要包括格栅、沉砂池、流动床等。在处理污水时，我们可以采用不同的方法来去除其中的杂质，例如使用格栅可以有效去除大颗粒悬浮物，沉砂池则可以通过沉淀作用去除污水中的沉积物，而流动床则是一种能够利用颗粒床的特性去除悬浮物和有机物的技术。

化学处理技术： 主要包括絮凝、沉淀、氧化等。絮凝是通过向污水中添加絮凝剂，使悬浮物和有机物聚集成大颗粒，以便后续沉淀处理；沉淀是通过重力作用将悬浮物和有机物从水中分离出来，最终达到净化水质的目的。氧化则是因污水中的有机物可以被氧化分解为无害物质，这一过程需要添加氧化剂来实现（简红梅，2019）。

污水处理的化学品

生物处理技术： 主要包括活性污泥法、固定床生物反应器、人工湿地等。活性污泥法是一种常见的生物处理技术，其原理是利用活性污泥中的微生物降解污水中的污染物质，具有成本低效率高的优点，得到了污水处理厂的广泛使用。固定床生物反应器是采用一种特殊的技术，即将生物膜固定在床层上，从而实现对污水中有机物的高效降解，这项技术能够显著提高处理效率，同时也可以减少运行成本和维护难度。人工湿地则是通过植物和微生物的协同作用，可以有效去除污水中的有机物和微生物（仲悦宁等，2024）。

污水处理系统

高级处理技术：主要包括吸附、膜分离、紫外线消毒等。通过吸附剂的作用，可以有效地去除污水中微量有机物和无机盐，通过膜的特殊选择性，膜分离可以有效地去除污水中微量有机物和无机盐，通过紫外线照射，可以有效地杀灭污水中的微生物。

科普小问答

1. 淡水资源是由江河及湖泊中的水、高山积雪、冰川以及（ ）等组成的。

A. 海水　　B. 地下水　　C. 矿泉水　　D. 土壤水

2. 我国主要的淡水资源是（　　）。

A. 江河湖泊水　B. 高山冰雪融水　　C. 大气水

3. 解决水资源地区分布不均的有效办法之一是（　　）。

A. 兴修水库　　B. 节约用水　　C. 跨流域调水　　D. 开发地下水

4. 我国正在建设中的"三峡水利枢纽工程"主要是为了解决(　　)。

A. 水污染问题　　　　　　　　B. 水资源时间分配不均的问题

C. 水资源空间分布不均的问题　D. 水资源总量不足的问题

5. 下列措施中不可能减轻水污染的是（　　）。

A. 减少农药、化肥的使用　　B. 污水处理达标排放

C. 农田采用大水漫灌的方式　D. 少使用洗涤剂和清洁剂

6. 引起水俣病的原因是（　　）。

A. 饮水受镉污染　　　　B. 水中铬污染

C. 水中砷超标　　　　　D. 饮水中汞含量超标

7. 地面水的常规处理为（　　）。

A. 过滤－混凝－沉淀－消毒　　B. 过滤－澄清－消毒

C. 混凝－沉淀－过滤－消毒　　D. 消毒－过滤－再消毒

8. 以下何种方式不是地面水深度处理采用的方法（　　）。

A. 活性炭吸附或生物活性炭　　B. 生物活性炭

C. 水质软化技术　　　　　　　D. 膜分离技术

9. 以下说法错误的是（　　）。

A. 保证水中不得含有病原微生物是为了防止介水传染病的发生和传播

B. 保证水中化学物质不危害人体健康是为了不产生急性或慢性中毒及潜在性危害

C. 保证水中放射性物质不危害人体健康是为了不产生急性或慢性中毒及潜在性危害

D. 保证水的感官性状良好是为了不危害人体健康

10. 下列关于水的说法正确的是（　　）。

A. 我国水资源丰富，人均水量位于世界前列

B. 在电解水实验中，正负电极产生的气体体积比约为 2：1

C. 生活中常用煮沸的方法降低水的硬度

D. 水体有一定的自净功能，城市生活污水可直接排放

参考答案：BACBCDCCDC

第四篇

息息相关的水

自来水

自来水与人类的生活息息相关，无论日常生活还是生产工作，都是人类在生活中获取可用水资源的便捷方式之一。那我们日常生活中处处见到、用到的自来水究竟是如何而来的呢？符合什么标准的水才能被我们称为自来水呢？

其实自来水是经过自来水处理厂净化、消毒等一系列方式处理后得到的供给人们生产、生活使用的符合国家标准的水。在日常生活中，生活用水主要来自江河湖泊、地下水和地表水，自来水厂通过水泵站取水后，再按照国家生活饮用水相关卫生标准，经过沉淀、消毒、过滤等流程的处理，将水输送到千家万户。下面我们一起来认识一下自来水。

自来水系统

科普小知识　自来水的起源

在供水行业中，关于我国哪个城市是最早供给自来水这个问题上，一直众说纷纭。有人认为是上海，因为上海在1881年建立了我国的第一个自来水水厂；同时也有人认为是大连，因为大连自来水的历史可追溯到1879年。在清末时期，北洋政府大臣李鸿章向朝廷提出了“凿石引泉”的构想，并在旅顺水师营龙引泉建立了我国首个供水设备系统，为我国近代城市供应水源开创了先例。这个供水项目花费了10年时间，修建了一座水池、一条长728米的隧道和长6180米的水管，可以给2万多人供水。其供水功能发挥了100年之久，现如今，当年李鸿章的奏折和龙引泉完整的碑文可以在国家档案馆查到，所以大连是我国近代城市供水第一城的说法已被广泛认可。

自来水厂历史

自来水供应中最重要的步骤是水的消毒，现在国内自来水消毒大都采用氯化法，给水氯化的主要目的是防止水传播疾病。氯化法消毒已沿用上百年，其生产方式、方法相对成熟，技术设备相对完整。自来水消毒使用氯气是因为氯气具有消毒效果好、成本低等优点，但氯气也存在一定的弊端（王犇等，2023）。目前，除了氯化法消毒广为流行，还有少数使用二氧化氯和臭氧进行消毒的。因为含氯成分的消毒剂，或多或少都会有残留物质，对人体是不利的，所以目前最安全的消毒方法是臭氧消毒，但这个方法使用起来存在成本高、保留时效短等问题，因此，只有少数发达国家才会使用这种处理方法。

● 国家标准

我们明白自来水的重要性，而国家也在大力推动水质标准的提高。2007 年 7 月 1 日，修订的《生活饮用水卫生标准》（GB 5749—2006）正式实施，标志着国家相关部门对水质的严格把控。为使人们的生产生活得到更好的保证，自来水厂将实施多达 106 项更为严苛的标准，其中有 42 项必须统一检定。

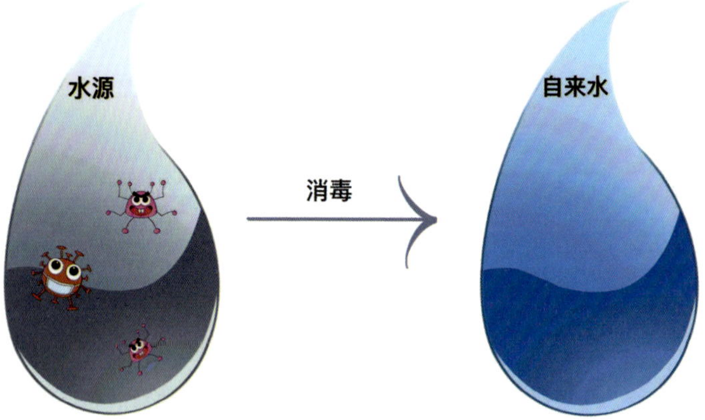

自来水的形成

在《生活饮用水卫生标准》（GB 5749—2006）中，一般需进行四大项的检测：微生物指标、毒理指标、感官性指标和一般化学指标、放射性指标等。在微生物指标中，总大肠菌群、耐热大肠菌群和大肠埃希氏菌的标准为不得检出且菌落总数需要小于 100CFU/mL；而在毒理指标中，砷、硒和铅要小于 0.01mg/L，铬（六价）和氰化物要小于

0.05mg/L，其余物质的性质不同，标准也不同。而在感官性状和一般化学指标中，就有我们肉眼可以直接观测到的指标，如可见物、浑浊程度等。一些金属离子的标准也在一般指标的范围之内，放射性指标为总α放射性小于0.5Bq/L，总β放射性小于1Bq/L。2023年，我国最新修订的《生活饮用水卫生标准》（GB 5749—2022）开始实施，该标准规定了生活饮用水水质要求、生活饮用水水源水质要求、集中式供水单位卫生要求、二次供水卫生要求、涉及饮用水卫生安全的产品卫生要求、水质检验方法，适用于各类生活饮用水。

水的处理测试

我国《生活饮用水卫生标准》（GB 5749—2006）中规定了106项水质标准，而新版《生活饮用水卫生标准》（GB 5749—2022）指标数量由原标准的106项调整为97项，包括常规指标43项和扩展指标54项。自来水的水质标准是固定的，只要处理后符合饮用水标准便是合格的自来水，但是不同地区的水源地水

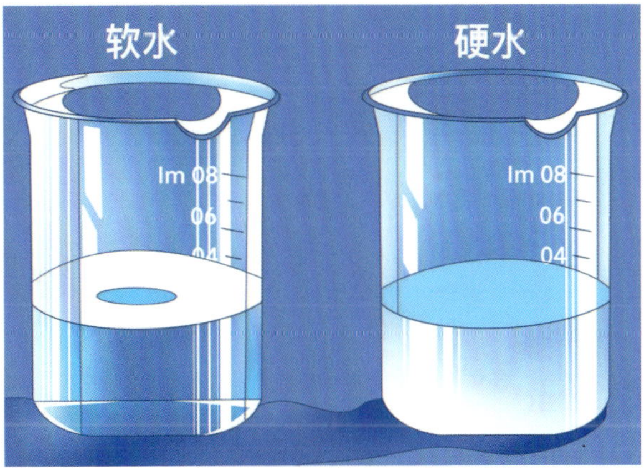

软水与硬水

质是有所区别的，这些差别每个地方是不一样的，所以经过处理的自来水或多或少都会有所差别。不同地区的自来水，其实也可以衡量不同地区的水质状况，我国南北方不同区域的水质是千差万别的，比如水的软硬问题。一般来说，北方地区水质偏硬，而南方的水质普遍偏软，“硬水”与“软水”使用起来的差别较为明显。

●供水过程

我们知道，在水资源开采的过程中，不可避免地会使水含有各种各样的杂质，那么，如何清除这些杂质、降低杂质带来的危害呢？杂质一般分为悬浮物、胶体、溶解物三大类，这三类杂质的处理方法虽然不同，但也有部分相似之处。在我们的日常生活中，城市中运行的

水的供应系统

自来水处理设施主要用于消除可能对人体健康和日常生活使用造成威胁的三类主要有害物质，目标是确保经过净化的饮用水和工业用水符合使用标准（孙晓阁，2018）。一般而言，供水企业所属的水厂会运用一个包括混合、化学反应、沉降、过滤及消毒等多个关键步骤的处理流程来保证水的品质符合标准要求。

○ 絮凝反应处理

原水在通过取水泵站提升压力后，便开始进入混凝过程，即加入水处理剂并搅拌均匀，经过反应阶段，最终生成矾花。这一全过程就是混凝过程，其目标是使药剂与水均匀混合，直至形成粗大的絮凝体。常用的水处理化学剂包括聚合氯化铝、硫酸铝和三氯化铁等，而在汕头市则采用碱式氯化铝。这些药剂中的铝元素与水发生反应，形成铝离子，并与水分子发生可逆化学反应。氢氧化铝因其吸附性，能够使那些在水中难以下沉的胶体颗粒和细微悬浮物脱稳，并通过吸附作用聚结成更大的絮状颗粒，这有助于将它们从水中分离，使其顺利沉入水底。

水处理实验

搅拌过程在添加药剂后需迅速完成，这一步骤主要是通过剧烈的水力和机械搅动，确保药物能够在水中迅速且均一地扩散。经过混凝反应处理的水随后会流过管道，进入沉淀池，进行第二阶段的净化工作（张媛媛等，2023）。

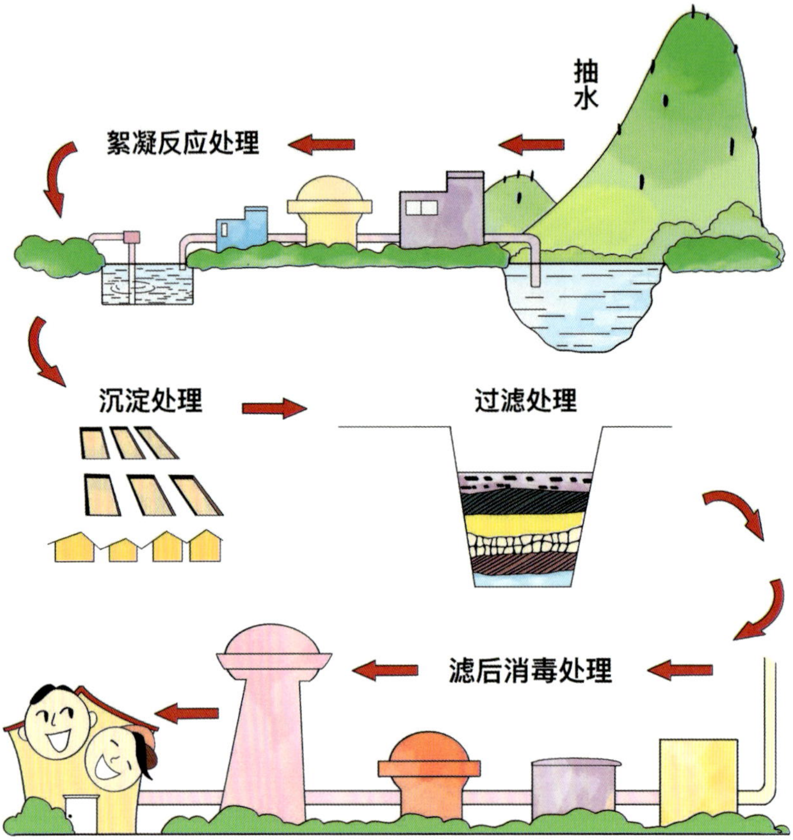

自来水供水系统

○ 沉淀处理

沉淀处理是一项运用重力原理，在特制的池中，从水中分离出絮凝物的工艺。当流入的水源抵达沉淀区时，水会平均铺展开来，覆盖整个横截面积，并缓慢朝着出口方向流去。在流动的过程中，固体微粒逐渐沉落至池底，形成沉积物，这些沉积物将积聚并固结，最后通过定期清污，从水池中排出。

○ 过滤处理

过滤通常涉及使用像石英砂这种具有孔隙的颗粒滤料，通过黏附作用捕获水中的悬浮固体，进一步消除水中的细小悬浮物、有机物、细菌和病毒等，从而实现净化水质的目的。

○ 过滤后的消毒处理

通过精细的过滤工序，水质的浊度显著降低，这一步骤为后续的消毒工作奠定了基础。在水的处理过程中，消毒的核心目标是消灭可能引发健康风险的微生物，而并非所有微生物。虽然通过混合、沉降及过滤等环节已经去除了大部分的细菌和病毒，而消毒过程可确保饮用水符合菌落数量标准，同时帮助城市供水系统在管网末端保持足够的余氯，有效防止细菌滋生和水的二次污染。在处理过程中，我们通常会将氯的投加量控制在每立方米 1.0~2.5 克的范围内，在这个浓度下，次氯酸能够穿透细菌，摧毁它们的酶系统，进而达到灭杀细菌的效果。随后，经过消毒的水会被存储在净水箱中，再经过泵站加压，最终通过供水网络分配到用户家中。

自来水供应

从上述自来水的制备过程来看，在混凝阶段，河水中的各种悬浮颗粒和胶态杂质被有效去除。而且，原水中的病原体也通过过滤及后续的消毒处理步骤被基本消除。在水的净化过程中，添加的水处理化学剂会与水中的杂质，如悬浮微粒和胶体共同沉积，确保水在输送时不会受到影响，保持了水质的纯净。氯气消毒是供水流程的最后一步，当氯气被注入水中并反应后，处理过的水便可以分配到家庭中使用。但人们可能会质疑，这种氯气是否会对人体健康构成威胁呢？

氯气，化学式 Cl_2，它是一种黄绿色的气体，带有刺激性的气味，并且能够溶解于水中。在标准大气压下，氯气的密度达 3.214 克 / 升，比空气重。当氯气受到 101.3 千帕的压力，并被冷却至 –34.6 摄氏度时，它从气态转变成黄色的油状液态；如果继续降温至 –101 摄氏度，它会转变为固态。需要注意的是，氯气对人体是有毒的，尤其是对呼吸道有强烈的刺激性，少量的氯气吸入人体后会刺激鼻腔和喉头黏膜，导致胸痛和咳嗽，而大量吸入可能会造成窒息，甚至死亡。

自来水消毒池

在消毒过程时，氯气的用量被控制在极低水平，通常 1 升水中只会加入大约 0.005 克的氯气。因此，当出厂的自来水达到国家的正常标准时，这些微量的氯气与水已经彻底进行了化学反应，并生成了其他物质，这样可以确保从工厂出来的自来水中是不含任何氯气的。

根据分析，我们能推测水中的氯化氢或许是杂质的唯一成分，这种气体虽然无色，却有刺鼻的气味，在 0 摄氏度时能够迅速与水互溶，其溶解比率大约为 1 份水能溶 500 份氯化氢。该溶液称为盐酸，是一种具有强烈氧化作用的强酸，基于氯元素的守恒性质，我们可以推断含氯物质与水反应后产生的数量会是原始氯气的两倍。考虑到水处理过程中添加的氯量有限，所以生成物的数量也相当稀少。我们知道人的胃液也含有一定量的盐酸，因此可以断定这种微量酸的存在对健康影响几乎可以忽略。而且，由于氯化氢容易挥发，在通过加热后的水中，其含量接近于零。综合以上信息可知，遵循国家标准生产的自来水对人体健康是无害的，可放心使用。

科普小知识　国外典型供水

国外许多的发达国家已经建立了较为完善的安全饮用水供应体系，在其严格的标准下，自来水是可以直接生饮的。例如欧盟出台的《饮用水水质指令》，明确要求所有欧盟成员国严格审批水处理使用的材料和化学物品，在此基础上，各国也出台了适合自己国家的合规饮用水标准，进一步提高了水质检测指标和

地球与供水

频率，为人们的生产生活提供了保障。

作为人口密度大国的日本，对水质的要求是喝一辈子也不会对身体健康带来危害；新加坡作为全球主要炼油中心之一，会产生大量的工业废水，其主要是采取市场运营模式，执行“谁污染、谁付费”的法律规章，同时新加坡公用事业局在供水管道内安装了传感器，发现污染问题就会及时发出警报；柏林自来水公司需要每周做15000次实验，来确保饮用水符合相关规定的要求；而法国《水法》则明确规定，自来水采水点附近必须设立保护区。这些做法都可以适当借鉴，以改进我国水污染问题解决措施。

农村用水

农村用水问题是值得我们关注的水资源的重要问题之一。2021年的8月19日，水利部等9个部门针对农村用水问题印发了《关于做好农村供水保障工作的指导意见》，该文件中明确指出要继续完善

农村供水过程

农村供水基础设施的建设，提出到 2025 年农村自来水的普及率达到 88%，到 2035 年要基本实现农村供水现代化；同年 9 月 9 日的新闻发布会中提出由农村饮水安全转变为农村供水保障。

目前，我国推进全面供水还未取得完全成功，仍有部分偏远地区的供水得不到保障。在一些偏远的农村地区，由于海拔较高，安装设施复杂且价格较高，并没有普及到家家户户。同时受资金问题和当地百姓所受教育的影响，很多人还是会饮用地表以下 20 米左右的水源，但这些水源的水质并不能得到保证（韩广富等，2021）。

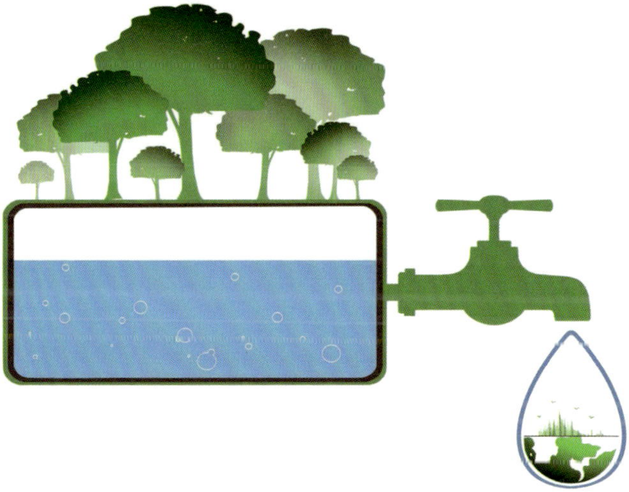

水的供应

现阶段的农村供水主要存在以下三大问题：①水源不稳定：山区供水以山泉水为主，供水安全没有得到很好的保证；②供水工程老化：据了解，我国的一些供水体系在 2005 年之前就已经建成，当时这些工程的建设标准不高，时间一长，供水体系老化严重；③缺少管理和维护：一些建立在农村供水系统上的供水工程结束之后，没有得到很好的管理和后期维护。

饮用水

● 饮用水分类

水，作为维持人体功能的核心元素，对健康起着重要作用。优质的饮用水不仅可以满足我们对水分的基本需求，更能为我们带来充沛的精神活力。随着人们对生活质量要求的逐步提升，饮水品质问题也受到了广大民众的广泛关注。那么，我们常见的饮用水类别究竟包括哪些呢？各类型的饮用水又有哪些特点呢？

○ 饮用纯净水

饮用纯净水是以符合生活用水卫生安全标准的水为原水，通过先进的处理技术，如电渗析器法、离子交换器法、反渗透法和蒸馏法等，经过一系列处理而成。在这些过程中，水中的有害物和细菌多被去除，但同时也过滤掉了一些矿物元素。最后，纯净水被密封在容器中，直接供人饮用。

饮用水

○ 矿泉水

矿泉水是自地底深处泉涌或经人工开采而出的水。它蕴含着丰富的矿物质、微量元素及二氧化碳，这些成分的浓度都控制在对人体有益的范围之内。它们在补充我们体内的微量和宏量元素时，还能帮助我们维持体内酸碱平衡，从而促进我们的身体健康（黄倩，2023）。但水中的矿物质等含量也并非越高越好，例如饮用水中的碘化物含量若为 0.02~0.05 毫克 / 升，则对我们身体大有裨益；若其含量超过 0.05 毫克 / 升，就可能导致碘中毒。这提醒我们：虽然水中的矿物质对身体有益，但过量摄入却可能适得其反。

○ 自来水

自来水，一种经过一系列处理后符合国家标准的水，保留了天然水中对人体有益的矿物质，有益于人体的身体健康。关于自来水的内容已在前文进行了介绍，在此不再重复。

● 饮用水的生产过程

●源水（即地下水）压送至源水箱，经源水泵加压后，进入多介质过滤器，以去除其中微小的漂浮物及少量的泥沙。

●进入活性炭过滤器，通过吸附作用除去微量的有机物和异味，接着进入全自动软化器，通过离子交换除去绝大部分的钙离子、镁离子等金属离子，再由精密过滤器进一步软化、净化。

●经一级高压泵加压后，进行一级反渗透处理。被膜截留的水叫浓缩水，排出系统；透过膜的水称为一级纯水，用电导仪在线测定其电导率。

●一部分一级纯水进入贮槽，另一部分一级纯水经二级高压泵继续加压，然后进行二级反渗透处理。被膜截留的浓缩水，排出系统，透过膜的水被称为二级纯水，并用电导仪在线测定其电导率。

●纯水达到（超过）国家制订的标准后，用泵将其输送至纯水箱，向其中通入一定量的臭氧进行消毒杀菌，再通过紫外线杀菌仪进一步杀菌后，最后进入罐装系统进行罐装，即可得到各种包装的饮用水。

饮用水

● 如何选择饮用水

纯净水中所含的有害、无害的物质及微量元素都被很大程度地去除了，虽然可以直接饮用，但如果长期饮用和烹饪都用纯净水，那么各种微量元素就无法从水中获得。因此，如果每天都喝纯净水，就要注意多吃水果和蔬菜，补充人体所需的微量元素（彭涛等，2023）。

符合标准的自来水也是一种饮用水，从身体健康的角度来说，我们通常认为饮用低于30摄氏度的温水是最佳选择。那么，可能有人会问，为什么不应将水煮沸过长的时间呢？这是因为经过氯气消毒后的自来水中包含13种卤代烃和其他潜在的有害物质。虽然煮沸是消除这些物质的有效手段，但当水温达到100摄氏度的那一刻，卤代烃和氯仿的浓度分别为110微克/升和99毫克/升，超过了国家安全标准。如果持续煮沸3分钟，这两种物质的浓度会骤降至9.2微克/升和8.3

烧开的水

微克/升，均在标准范围之内。若继续保持水的沸腾状态，尽管卤代烃和氯仿的含量会进一步下降，但是其他有害的挥发性物质的数量却可能会增加。所以，烧水并非时间越久越好，而应当控制在3~5分钟的最佳时长内。

科普小知识　超市里的水

超市里琳琅满目的瓶装水、桶装水，你是怎么选择的呢？当我们在超市挑选瓶装水时，天然矿泉水可以被作为最佳选择，因为它更符合健康饮用水的标准。然而，需要警惕的是，有些天然矿泉水中可能含有溴离子，在生产这些瓶装水的过程中，常采用臭氧进行消毒，这可能导致微量有机物与溴产生反应，生成有害物质，比如溴仿，若处理不当，这些有害物质可能超过安全标准。因此，选购时，务必检查水的外观，如是否有沉淀物、悬浮物或异常颜色。在选择和饮用瓶装水时，一般有三个关键点：一是避免将瓶装水放置于阳光直射之处，因为紫外线会促进藻类和细菌的生长，从而增加水中的菌落总数；二是要小心辨识，防止购入假冒伪劣的瓶装水，确保从信誉良好的供应商处购买；三是开封后的桶装水应在一周内饮用完，以保持水质的新鲜和安全。

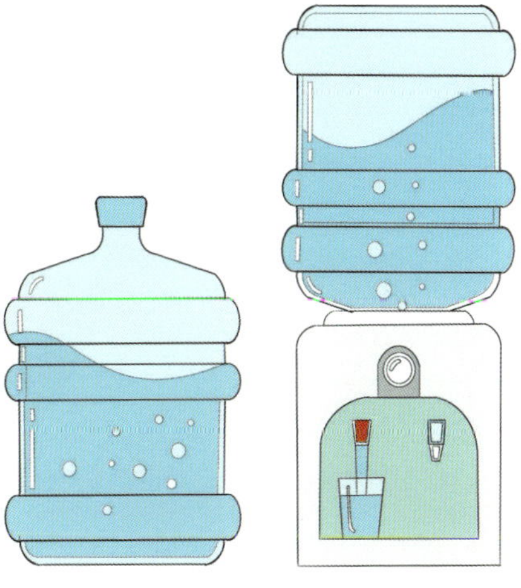

桶装水

节约用水

据研究，全球淡水资源量仅是地球总水量的2.5%，其中70%以上的淡水被冰川和永冻层覆盖，难以利用。另外，人类可用的淡水资源是江河湖泊和地下水中的一部分，仅占地球总水量的约0.26%。这表明，虽然地球上的总水量很大，但在满足人类需求的方面，淡水资源却是非常稀缺的。由于全球过度开采和污染等原因，许多地区都面临水资源短缺的问题。根据有关数据，在全球人口中，大约1/6的人口，即超过10亿人口，面临着缺水问题，而且随着全球人口的不断增长及水资源的减少，这个数字随时都有可能增加。据估计，到2025年，全球缺水人口可能会超过25亿，尤其是在一些贫穷国家和缺乏水资源的地区，缺水问题更加严重。此外，气候变化也会对水资源的分布和供给产生较大的影响，未来面临的挑战将越来越大。

缺水的地球

缺水的大地

节约用水

联合国早在1977年就召开了水资源会议，向全世界呼吁：水不久将成为一个严重的社会危机，继石油危机之后的下一个危机便是水。随着人口增长、经济发展和气候变化，人们越来越认识到水资源不可再生、珍贵且易消耗的现实。因此，把水视为宝贵资源的观念越来越普及。联合国大会于1993年1月18日通过决议，将每年的3月22日定为“世界水日”，以促进对水资源的保护、可持续利用和公众教育，每年的世界水日都会有一个特定的主题。《中华人民共和国水法》在1988年颁布后，我国政府一直致力于推广全民水资源保护和管理的意识，为了进一步深入宣传和实践全民水利，每年的7月1日至7日被定为“中国水周”。为了更好地与国际趋势保持一致，并将我国的水资源保护与世界接轨，从1994年开始，“中国水周”的时间改为每年的3月22日至28日，与“世界水日”的时间相同。与“世界水日”一样，“中国水周”旨在增强公众意识和行动，倡导水资源的保护、合理利用和科学管理。

国家节水标志是由水滴、人手和地球变形而成的，形象生动地表达了节约用水的重要性。标志的绿色圆形代表地球，象征着节约用水是保护地球生态的重要措施；标志留白部分像一只手托起一滴水，手是拼音字母JS的变形，寓意节水，表示节水需要公众参与，号召人们从自己做起，从日常生活中的点滴做起，节约每一滴水。同时，手还像一条蜿蜒的河流，象征着滴水汇成江河，着重强调着每一滴水都是重要的，同时也显示了节水的重要性和公众参与的必要性。

国家节水标志

● 生活节约用水

在日常生活中，一个滴水的水龙头，一天可以浪费1~6升水；一个漏水的马桶，一天要浪费3~25升水，所以我们要珍惜生活中的每一滴水。水，并不是取之不尽，用之不竭的。节约用水，我们要从身边的每一件小事做起，从生活的点点滴滴做起。

○ 循环利用

在家中，我们可以“一水多用”，实现水的循环利用。例如我们可以储存一些塑料桶，以便于收集和保存洗菜和淘米时产生的泔水，这些泔水可以再次利用来浇灌家中的植物；当我们洗衣服时，那些较脏的水也可以被收集起来，用于冲洗马桶，而那些相对干净的水，可以被用来清洁家里的拖把、拖地板、擦拭门窗、清洁家具等。这样一来，既实现了对水资源的合理利用，又在家庭生活中践行了环保的理念。

生活节水

○ 安装节水装置

在日常生活中，我们可以在家中的水管等处安装节水装置，如节水阀。节水阀的原理是通过减少出水量、给水流注入空气、使水流泡化，从而达到用更少的水实现同样的洗涤效果的目的。新装修或者更换水龙头、花洒的时候可以选购专门的节水龙头和节水花洒，比起后期加装节水阀，其一体化的节水设计能提供更佳的节水效果，例如品牌的花洒通过特殊的管径变速设计，能有效节约约30%的淋浴用水。

生活节水装置

科普小知识

节水小达人

洗菜技巧：日常清洗蔬菜时，建议不要在水龙头下直接冲洗，尽量放入盛水容器中清洗。清洗过程中，一个好的清洗顺序也可以节约一定量的水，例如可以先对有皮的蔬菜去皮、去泥，然后再进行清洗；清洗时可先清洗叶类、果类蔬菜，再清洗根茎类的蔬菜。值得注意的是，清洗可能有小虫子的菜叶时，可以先用淡盐水浸泡，这样不但可以将叶子里面的小虫子泡出来，使清洗菜叶更方便，而且能省去多余的清洗工序，达到节水的效果。

生活用水

餐厨用水方面：我们在清洗餐具时可先擦去油渍，以此减少洗涤用水；洗菜和淘米产生的水可以进行收集再利用；使用洗涤剂时要适量，避免需要过多次的清洗；不要长时间的使用流水来解冻食材，而应使用容器装水进行解冻清洗。

洗漱用水方面：洗漱时应随时关闭水龙头，控制好洗漱用水的量和时间；洗手液的使用也需适量，以减少冲洗水量。

洗浴用水方面：洗澡时应关闭不在使用期的水龙头，掌握好洗浴用水的量和时间；洗浴方式尽量选择淋浴，并对浴前冷水进行收集利用；沐浴液的使用也应适量，以减少冲淋水量。

冲厕用水方面：正确使用便器的大小水量按钮，优先选用回收水进行冲厕，尽量不要将垃圾倒入便器内。

洗衣用水方面：在使用洗衣机时，应尽量集中清洗衣物；所洗衣物数量较少时，可以选择手洗；在洗涤过程中，洗衣液的使用量要适度，以减少漂洗次数；对洗衣废水进行收集利用，避免长流水冲洗衣物。

保护水资源

保洁用水方面：清洁拖把、抹布时，要用容器盛水，洗涤剂使用量适中，减少清洗水量；洗车时应首选回收水，合理规划洗车次数等；接水过程中应防止水溢出，并且避免长流水冲洗拖把。

● 农业节约用水

作为农业大国，我国的农业灌溉已成为用水的大户之一。据水利部统计，近 30 年来，我国农业灌溉年均用水量基本维持在约 3400 亿立方米，占我国总用水量的 56% 左右。贡献了我国 75% 粮食产量和超过 90% 经济作物的灌溉农业，其灌溉面积约占耕地总面积的 50%。然而，尽管我国的灌溉面积巨大，但只有 40% 的耕地能够确保得到灌溉，大量的水在灌溉过程中流失，同时，每年因缺水造成的农业损失高达 1500 亿元。对于我国的农业灌溉来说，既要提高利用率，又要应对缺水的挑战，改进灌溉方式、大力发展节水农业已成为解决我国农业灌溉用水问题的一项重要措施（吴勇等，2021）。

农田景象

那么，什么是节水农业呢？节水农业主要是指提高用水效率的农业，是水、土地、作物资源综合开发利用的系统化工程。节水农业包括两种形式：节水灌溉农业和旱地农业。节水灌溉农业是指通过合理开发利用水资源，运用工程、农业和管理技术，提高农业用水效益的农业方式。其中最重要的环节是节水灌溉，通过现代化的灌溉技术，可以让农民更有效地利用水源，提高农作物的品质和收成，同时降低水的浪费（房建恩等，2022）。旱地农业则是指在降水量相对较少或灌溉条件有限的情况下开展的农业生产。这种农业生产需要采用一系列的技术手段，例如突出地形、保持水分、改善土壤质量等，以最大限度地发挥土地的生产潜力。其中，节水灌溉在这一环节中则是重中之重，那么，主要的节水灌溉技术都有哪些呢？

农田

○ 渠道防渗技术

渠道防渗技术是针对降低渠道的透水性能或建立难以透水的屏障而开发的一系列技术策略，在我国的灌溉领域被广泛采用。在我国农业水利中，渠道扮演着输送农田灌溉水的关键角色，然而，传统土质渠道在输水过程中常面临大量的水分损失问题，其漏失量可占总引水量的50%~60%。为了有效地解决这一关键问题，对渠道实施各种形式的防渗处理已逐步演变为一项常规的灌溉管理实践。

渠道防渗是关键的农田水利措施，其常用材料涵盖了如混凝土、水泥土等硬性材质和像聚乙烯、聚氯乙烯这类柔性塑料薄膜。这些材料在工程中多被设计为“U”形截面以增强效能。渠道防渗技术显著提升了水资源的利用率，它有助于降低水分的渗透损失，进而减少地表水的流失，并扩大了无水灌溉的区域（王文娟，2024），不仅提高了用水效益，也优化了灌溉效果。此外，这一技术还带来了其他经济效益，如降低渠道的维护和管理费用。通过控制地下水水位，它还能防止土壤次生盐碱化，保护农田环境，促进可持续发展。

农业渠道防渗

渠道防渗技术的使用可以使水资源得到更充分的保护和合理利用，特别是在节约用水方面，渠道防渗技术发挥了重要的作用。同时，渠道防渗技术也有利于农业生产在抢季节、节省土地等方面的优势。可以说，渠道防渗技术是我国灌溉管理的重要技术手段之一，将在未来持续发挥重要作用。

○ 管道输水

管道输水技术是一种利用管道系统将水源直接输送到农田以进行灌溉的现代化方法。与传统的明渠灌溉方式相比，管道输水显著降低了在运输途中水分的渗漏和蒸发等损失。这项技术拥有诸多优势，包括输水迅速、节约用水量、节省土地资源及增加农作物产量等（路喜虎，2022）。根据相关调查研究，管道输水技术能将水资源利用系数有效提升至 0.95 左右，同时实现 20%~30% 的节电效果，节约的土地面积占比达到 2%~3%，并且将农作物的增产潜力提高 10%。

农业管道输水

管道输水仅仅能够减少输水过程中的水量损失，要真正做到高效用水，还应该采取田间节水措施，例如喷灌、滴灌等技术。目前一些地方尚未配备喷、滴灌设备，因此在设计和安装管道时，应将发展喷、滴灌技术考虑在内，以避免造成水资源的浪费。总之，管道输水技术是一种高效用水的技术手段，在实际应用中需要注意将其与其他节水技术配合使用，以发挥最大的效果。

○ 喷灌

喷灌是将水用水泵加压，或利用山区地形高差产生的压力，用管道送到田间，用喷头喷射到空中，再均匀洒落至农田，是小范围的“人工降雨”，是给作物“洗淋浴”。相对来说，喷灌的水滴较大，适用于大田或山地中粗壮的作物（杜林娟等，2023）。因水量可以控制，避免产生深层渗漏，故比沟灌节水 40%~60%。由于对水质要求相对较低、造价较低，所以应用面积最大，约占喷、滴灌总面积的 80%~90%。

农业喷灌

喷灌的优点有以下六点：

- 节水效果显著，水的利用率可达 80%。
- 避免由于过量灌溉造成的土壤次生盐碱化。
- 大大减少了田间渠系建设及管理维护、平整土地等的工作量。
- 有利于加快实现农业机械化、产业化、现代化。
- 减少了农民用于灌溉的费用和投劳。
- 灌溉均匀，土壤不板结，有利于抢季节、保全苗；改善了田间小气候和农业生态环境。

○ 微喷灌

微喷灌是一种新发展起来的微型喷灌形式，它利用塑料管道输水，然后通过微型喷头进行局部灌溉。与喷灌技术类似，微喷灌的基本原理是将水压、流量和水滴大小控制在很小的范围内，因此，它可以被视为是给作物“下毛毛雨”。相对于传统的喷灌技术，微喷灌可以节

农业微喷灌

省更多的水源，增产可达30%以上。此外，它还可以改善田间小气候，结合使用化肥，提高肥效。

微喷灌主要用于菜地、花卉、草坪或大棚内的作物，因为微喷头只能对几个平方米的区域进行局部灌溉，因此比传统的喷灌技术更加节水。相较于沟灌技术，它能够节水 50%~70%。然而，微喷头出水口直径仅有 1 毫米左右，因此对用水的要求相对较高，若用水不干净，则容易被堵塞，影响使用效果。微喷灌是一种较为高效的灌溉技术，具有较好的节水和增效效果，但使用前需对用水质量进行妥善检验和处理，以避免堵塞和水质问题对其使用造成的影响（李道西等，2024）。该技术的广泛应用将有助于提高农业生产的用水的利用率，降低灌溉水资源的使用量，进而为可持续发展做出贡献。

○ 滴灌

滴灌技术是借助于低压管道系统和专用滴头等设备，将水分及养分缓慢且均匀地输送到作物根部附近的土壤的一种灌溉方法，这种灌溉方式被形象地比作医院中的“点滴”或“挂盐水”。与其他传统的灌溉方式相比，滴灌在保护土壤结构方面具有优势，它能够使土壤内的水、肥、热等维持在一个适宜的水平，减少水分蒸发损失，防止产生地面径流，并且极难引发深层渗透，因此它在节水方面的效果极为显著（张聪等，2024）。

滴灌技术的核心优势在于其精确的水量，通常为每小时 2~12 升，这一特点使得滴灌能够持续较长的灌溉时间和较短的循环周期，实现了用少量水分灌溉的目的。此外，滴灌所需的压力较低，能精确地控制水量，从而减少水分在植物之间不必要的蒸发，避免浪费水资源。滴灌系统可以方便地实现自动化，简化了管理过程，特别适合果园、蔬菜、经济作物的种植，以及温室大棚。对于缺水或干旱地区，滴灌已成为一种极其有效的节水灌溉方法，被普遍认为是节

农业滴灌

水最为显著的技术之一，其水分利用率可高达 95%，与传统的沟渠灌溉方式相比，可以节省 70%~80% 的用水量。此外，滴灌不仅在节水效果上超越喷灌技术，还能有效地提升产量。当结合施肥使用时，滴灌能够将肥料的效果提高一倍以上，这使其成为农业高效管理和节水的优选技术。

○ 覆膜灌

覆膜灌，即地膜灌溉技术，主要是指在田间的垄和沟渠上铺设地膜，将水引向地膜上方，再让水分透过膜上的小孔直达作物根部附近的土层中进行灌溉的技术。覆膜灌以其显著的节水效果著称，此方式能有效减少水分的深层渗漏与散失，同时，在地膜种植的实践中，无须额外投入，便能为土壤提供增温和保水的双重效益。特别是在干旱区，我们可以通过将滴灌系统置于膜下，或是利用毛管穿越地表膜上的孔洞以进行灌溉，实现一种膜下给水的方法（漆喜林，2014）。这样的技术结合了滴灌与地膜的双重优势，从而在节水与增产方面取得更优的效果。目前，覆膜灌已经广泛应用于新疆等地的灌溉领域，它的使用可以降低灌溉所需的水量，提高农业生产的用水率，同时还能够保护土壤和作物。

农业覆膜灌

此外，农业节水还可以从源头上来调节，即依靠作物自身节水，包括培育节水品种、调控作物来节水。可以通过遗传改良培育抗旱节水作物，从源头上减少对水的需求，这也是干旱地区普遍使用的方法。如在我国新疆地区种植的新小黑麦 1 号、新小黑麦 2 号、新小黑麦 3 号等就是通过远缘杂交等遗传改良技术将黑麦与小麦进行杂交培育出的优质小麦品种，它们不仅耐瘠薄、耐寒、耐旱，还有巨大的杂种生长优势，被大量种植用于生产粮食、饲料、酿酒和生物能源等。

健康饮水

我国古文化中就有“药补不如食补，食补不如水补”的秘密在善于养生者之间流传至今。李时珍在《本草纲目》中更是把“水篇”列为全书之首，并用通俗易懂的语言告诉人们水的保健作用。清代养生家朱彝尊在自己被奉为“中华生活经典”的《食宪鸿秘》中，把“饮”列为十五属之首，提出“从来称饮必先于食”，特别强调了饮水对健康的重要性。那么我们应如何健康的饮水呢？

● 要控制好饮水量

我们常听说“一天喝八杯水”有益于我们的身体健康，但所谓的“八杯水”其实是一个笼统的概念，要具体地看待，还需因人而异，饮水受到不同因素的影响，每个人每日所需的水分是有差异的。不过，我们可以通过对自身身体情况、居住环境等因素来推断每日大致所需的饮水量，从而让我们的身体避免脱水，变得更加健康。那么，一个人每天到底需要饮用多少水呢？

日常饮水

每天我们会通过呼吸、流汗、排尿等人体活动消耗水分，为了使身体功能正常，必须通过消耗饮品和带有水分的食物来补充水分供给。那么，一个身体健康且生活在气候适宜地区的人每日需要摄入多少水分呢？美国国家科学、工程和医学研究院给出了答案：男性每日所需的水分大约为3600毫升；女性每日所需水分大约为2800毫升。

饮茶

饮水量既包含直接饮用的水，也包含其他含水的饮料、食物等。而其中60%的水需要我们通过直接饮水来获取，也就是说，一个身体健康且生活在气候适宜地区的男性需要饮水约2160毫升，女性需要饮水约1680毫升。此外，我们还需要考虑到各种因素，例如：

- 运动：运动流汗后需要多摄入一些水来补充水分。
- 环境：炎热或潮湿的天气会使人流汗，需要额外补充水分。
- 健康状况：当人体出现发烧、呕吐或者腹泻等情况时，身体会流失一些水分，需要根据医嘱来补充水分。
- 怀孕或者母乳喂养：这种情况下需要补充一定量的水分来防止身体缺水。

此外，要注意避免在短时间内大量饮水，而应少量多次饮水。据研究发现，如果人体一次性饮水过量，例如超过200毫升，就会刺激肠胃产生胀气，同时也会起到利尿的效果，身体对水分的吸收就会减少，在一定程度上会加剧身体水分的流失，引起脱水等问题。因此，建议每次饮水量应该控制在100~200毫升以内。反之，如果我们每天没有摄入足够的水分，将会有脱水的危险。人体脱水的信号通常包括虚弱、低血压、眩晕、头脑混乱、尿液颜色变深等。

直接饮水并不是补充水分的唯一途径，所有含水分的饮品都可以

日常饮品

为每日的饮水量做贡献，例如茶、果汁、牛奶等。含咖啡因和酒精的饮品可能会引起脱水，因为它们会加速人体的排尿过程。咖啡因含量过大的饮品会让人神经紧张从而导致失眠；含糖的饮品会导致体重增加和身体炎症，同时会增加患糖尿病的风险。因此，饮用水仍然是补充人体水分的最佳选择。同时，我们还需要警惕过度饮水，过度饮水可能会给肾脏带来严重负担，血液中的钠含量会被稀释，这种病症被称为低钠血症，严重时可危及生命。

各种各样的饮品

科普小知识　水中毒

当人体摄取的液体超过肾脏处理的最大限度时，就可能引发水中毒。虽然对于大多数人而言，这是一个陌生的概念，但实际上在20世纪30年代，美国就已经有因过度饮水而引发水中毒的案例报告。人体水分占比为65%~70%，在正常情况下，这个比例是稳定的。人体的每个细胞都被半透膜所环绕，这种结构使得水分能自由地通过细胞膜。然而，一旦我们摄入过量的水分，血液和体液就会被稀释，渗透压降低，导致水分流向细胞内部，引发细胞肿胀，最终导致水中毒的发生。脑细胞对此特别敏感，当脑细胞开始膨胀，颅内压力增加，人体就会出观头晕、头痛、恶心、疲劳、视力模糊、困倦、呼吸和心跳减慢等不适症状。如果情况严重，甚至会陷入昏迷，痉挛，威胁到生命。此外，水中毒还会引起血液中水分过多，氯化钠浓度降低，导致电解质紊乱，患者可能会出现全身肌肉疼痛和痉挛的症状。在日常生活中，水中毒并不罕见，只是由于其症状较为轻微，因此并未引起人们足够的警觉。

◎在合理的时间饮水

对于身体健康的成年人来说，每天有几个饮水黄金时段，主要如下：

● 早上起床后：早上起床后，人体易处于缺水状态，此时饮水，既能补充睡眠时机体代谢所消耗的水分，促进排便，还能在一定程度上降低人体血液黏稠度，减少心肌梗死、血栓等的发病率。

● 饭前半小时：饭前半小时胃部很空，胃酸浓度较高，人们的饥饿感较强。此时适量饮水既能稀释胃酸，缓解饥饿感，也能让胃肠道为消化食物做好准备。

● 午睡后：午睡时人体体温升高，导致体内一部分水分变成汗液蒸

生活的时间

发，再加上肠胃消化午餐也消耗了人体的水分。因此，午睡后人们容易感到口渴，建议此时补充 200 毫升左右的水。

●下午四时左右：人们此时已经工作或学习了一段时间，往往会感到疲惫，如果此时适量饮水，不仅有助于人们保持头脑清醒，还能促进体内代谢物的排出，减少人体赘肉的产生。

●晚上睡前一小时：睡觉时人体内的水分会不断流失，血液黏稠度会上升到高峰值。因此，在睡前 1 小时补充 200 毫升左右的水，有助于稀释血液黏稠度，保持身体健康。

●起夜时：不少人有起夜的习惯，特别是中老年人有时会有夜尿频繁的症状，建议起夜之后补充 100 毫升左右的水，此时补水能降低高血压、糖尿病等的发病风险。

●洗澡前后：洗澡前先饮水，可防止因洗浴时出汗较多、血液黏稠、血压升高所致的意外发生；洗完澡后饮水则是补充人体丢失的水分。

●特殊时期：人们感冒发热时，饮水能帮助清除呼吸道上的黏液，利于身体恢复；呕吐腹泻时，饮水能避免人体脱水；便秘时，饮水能刺激胃肠蠕动，从而促进排便。

◎饮水温度要适宜

夏天天气炎热，人们通常喜欢喝冰水。冰水温度一般在 0 摄氏度以下，与身体温差很大，当喝下冰水的那一瞬间，就已为身体带来负担。冰水所经之处，都会消耗器官能量而带来刺激，久而久之疾病就会产生。其中，最直接的影响就是呼吸系统及肠胃，长期喝冰水，口腔、呼吸系统黏膜变得较脆弱，一旦温差变大或是忽然喝冰的东西，就容易发炎、咳嗽，也会导致胃的负荷增大，造成胃痛。如果真的很想喝冰水，一定要放慢速度，先含在嘴里加温再咽下，这样能够缓解冰水给身体造成的负担。

不同温度的水

加热的水

而如果经常喝热水的话，如 60 摄氏度左右的水，会破坏食道黏膜和刺激黏膜增生，诱发食道癌。在日常生活中，饮水、进食和漱口的理想温度应控制在35~38摄氏度之间，这个范围内的水温对口腔和牙齿的刺激最小，医疗专家推荐的饮水温度范围为18~45摄氏度。如果水的温度过高，不仅会损伤牙釉质，还会强烈刺激咽喉、消化道及胃黏膜。长期喝过热的水可能会引发各器官的不良反应。例如，经常饮用超过62摄氏度热茶的人会发现他们的胃肠壁变得脆弱。因此，在寒冷的天气中，我们饮用水的温度也最好不超过50摄氏度。

◎根据不同的情况合理饮水

在前文提到，饮水量会受到健康状况和气候等诸多因素影响，而对于一些特定疾病的患者，他们有特别的补水要求，例如泌尿系统结石、痛风、高脂血症等患者，每天应该摄取2000毫升以上的水，以帮助促进身体代谢物的排出，预防肾脏结石、尿酸结晶形成等疾病。此外，针对这些疾病患者，饮水时应该注意水的种类和质量，例如钙、镁离子含量较低的低硬度水等，避免对身体产生负面影响。心脏、肾脏功能欠佳的患者则需要特别注意饮水量，每天的摄水量不应超过3000毫升，否则过量的饮水会增加身体负荷，加重病情。因此，需要严格控制饮水量，避免引起不必要的伤害。同时，此类人群还应当选择适合自己的饮用水，特别是对于肾脏疾病患者来说，应该选择含钙和镁较低的软化水，有助于保护肾脏。

运动后饮水

对于运动量大、出汗较多的人而言，需要及时饮水保持体液平衡，但是否运动后应立刻饮水呢？其实运动后不建议立即饮水，因为此时心脏负担较重，立即饮水可能会增加心脏压力。因此，一般建议运动后等待20分钟左右再开始饮水。运动后的饮水量应以人体的需求为准，不宜过量，一般建议每次的饮水量不超过200毫升，避免一次性大量饮水导致血液渗透压快速变化，加重肾脏负担。同时，建议分次补水，例如每隔15~20分钟补充一次水分，这样可以更好地维持体液平衡，促进身体恢复。此外,运动后饮水时应放慢速度,避免一口气大量饮水，因为快速饮水更易使胃部承受压力，可能导致胃部不适，甚至诱发胃病。只有通过科学合理的饮水方式才可以更好地促进体能的恢复和健康的保持。

科普小问答

1. 导致水资源不足和用水紧张的原因是多方面的，下列说法中与此无关的是（　　）。

A. 水资源时空分布不均　　B. 水污染、水浪费严重

C. 人类对淡水的需求量增大　　D. 兴修水利工程

2. 关于我国水资源的叙述，正确的是（　　）。

A. 我国水资源总量不少，但人均占有量少

B. 我国水资源的空间分布特点为：自东南向西北减少，我国耕地的分布也是南多北少，因此我国水、土资源配合良好

C. 我国水资源在季节分配上的特点为：夏秋多冬春少

D. 我国水资源最丰富的河流是长江，其次是黄河

3. 以下哪点不是饮用水的重要性的体现（　　）。

A. 生存的最基本需求　　B. 能够预防和控制疾病

C. 经济发展的基础　　D. 传播疾病的重要媒介

4. 饮用水卫生监督执法的工作范围是（　　）。

A. 供水单位和生产或销售的涉水产品单位

B. 本行政区域内生产或销售涉水产品的单位

C. 本行政区域内的供水单位

D. 本行政区域内的供水单位和生产或销售涉水产品的单位

5. 关于饮用水水质的错误说法是（　　）。

A. 部分水源的污染比较严重

B. 因生物性污染，每年与水有关的肠道传染病占全国传染病例总数的两成以上

C. 不同规模城市的饮用水供水水质合格率基本相同

D. 二次供水水质不合格问题突出

6.《生活饮用水卫生标准》（GB 5749—2006）中的水质指标有（　　）。

A. 96 项水质指标，32 项常规指标，64 项非常规指标

B. 106 项水质指标强制限值并附有 28 项水质指标参考限值

C. 106 项水质指标强制限值并附有 64 项水质指标参考限值

D. 96 项水质指标强制限值并附有 28 项水质指标参考限值

7. 下列哪项不是饮用水水质卫生标准的指标（　　）。

A. 毒理学指标及放射性指标

B. 微生物指标及饮用水消毒剂

C. 感观性状和一般化学指标

D. 流行病学指标

8. 有关生活饮用水的消毒处理的错误认识是（　　）。

A. 预防供水的各环节可能存在致病菌的污染是一项普遍的要求

B. 即使是用深层地下水，也应进行消毒处理

C. 有烧开水习惯地方可以不进行消毒

D. 即使在有喝开水习惯的地区，饮水消毒也是必要的

9. 下列有关水的说法错误的是（　　）。

A. 日常生活中的饮用水是硬水还是软水，可用肥皂水鉴别

B. 生活污水、工业污水等污水经处理达标后才可排放

C. 沉淀、过滤、吸附、蒸馏等净化水的方式中，蒸馏的净化程度最高

D. 自来水是干净、卫生的纯净物

10. 以下（　　）是健康的饮水习惯。

A. 白开水是最好的饮料，要常喝

B. 口渴时才喝水，不渴时不必喝

C. 有时可以直接喝自来水

D. 饮料好喝又解渴，应该多喝

参考答案：DCBDCBDCD

专题

农村水资源低碳化利用研究

1　研究背景

在全球范围内，气候变化问题正日益凸显，并逐渐成为国际社会关注的焦点。为了应对这一挑战，各国纷纷将低碳发展定位为本国未来发展的方向。2020 年，我国政府针对全球气候变化问题做出了重要承诺，明确提出力争于 2030 年实现碳达峰，并在 2060 年实现碳中和的目标。这一承诺不仅彰显了中国作为负责任大国的担当，也为全球气候治理贡献了力量。

与此同时，2022 年，党的二十大在北京胜利召开，习近平总书记在大会报告中明确提出全面推进乡村振兴的战略部署，强调要建设宜居宜业和美乡村，并对相关工作进行了全面安排和部署。建设宜居宜业和美丽乡村，既是全面建设社会主义现代化国家的重要内容，也是满足农民对现代生活需求的迫切期望，更是提升乡村文明新形象的本质要求。在这一背景下，加快推动农村绿色低碳发展成为我国实现可持续发展的重要途径。

近年来，我国农村生活碳排放量呈现持续增长态势，农村居民生活能耗碳排放的年均增长速度已达到同期城镇居民的 3.3 倍。这表明，农村居民生活碳排放已成为我国碳排放增长的重要来源。而其中，水资源是农村居民日常生活中碳排放的关键点。在我国农村地区，由于水资源利用意识薄弱、基础设施建设不完善等原因，农村居民普遍存在用水不当等问题，进而造成大量水资源浪费和污染的现象，对农村低碳发展和居民生活产生了严重影响。

1.1　农村水资源

农村水资源利用是农业生产和社会发展的重要基础，但当前农村水资源利用面临着诸多挑战，主要表现在以下几个主要方面：

（1）水资源短缺与供需矛盾

随着经济社会的发展和人口的增长，农业、工业及生活用水需求不断增加，导致水资源供需矛盾日益突出，特别是在干旱和半干旱地区，水资源短缺问题尤为严重。据统计，中国农业用水量占全国总用水量的60%以上，且灌溉用水占农业用水的绝大部分，但灌溉水利用率仅为50%左右，远低于发达国家的70%~80%。

（2）水资源利用效率低

尽管近年来农村节水灌溉技术有所推广，但整体利用效率仍然偏低。这主要是因为高效节水灌溉技术尚未实现大范围推广，许多农田仍采用传统的漫灌方式，导致水资源浪费严重。同时，已安装的节水灌溉设施由于管理不善、设备老化等问题，未能充分发挥其节水效果。

（3）水资源污染严重

农业生产中大量使用化肥、农药等化学物质，以及农村生活污水和畜禽养殖废水的无序排放，导致地表水和地下水污染严重。这不仅影响了农业生产和农村居民的生活用水安全，也加剧了水资源的短缺问题。

（4）水利设施老化与管理能力弱

许多农村水利设施年久失修，老化严重，抗灾能力下降。在遭遇干旱、洪涝等自然灾害时，难以有效保障农业生产和农村生活用水需求。同时，农村水资源管理机制存在诸多问题，如管理理念落后、管理制度不健全、管理人员结构不合理等。这导致水资源管理效率低下，难以实现水资源的优化配置和合理利用。

1.2　研究的意义

农村水资源低碳化利用的研究具有重要意义，主要体现在以下几个方面：

（1）促进农业可持续发展

通过推广节水灌溉技术和改进农业生产方式，提高水资源利用效率，减少水资源浪费和污染，有助于保障农业生产的稳定和发展。同时，低碳化利用水资源还有助于减少农业生产过程中的温室气体排放，促进农业生态系统的建设。

（2）保障农村饮水安全

农村水资源低碳化利用可以减少水体污染，提高水质安全，从而保障农村居民的饮水安全，这对于改善农村生活条件、提高农村居民健康水平具有重要意义。

（3）推动农村经济发展

农村水资源低碳化利用需要投入大量资金和技术支持，这将带动相关产业的发展，增加就业机会。同时，通过提高农业生产效率和产品质量，还可以增加农民收入，推动农村经济的发展。

（4）促进生态文明建设

农村水资源低碳化利用是生态文明建设的重要组成部分。通过减少水资源浪费和污染，保护水资源生态环境，有助于实现人与自然和谐共生的目标。这对于推动生态文明建设和可持续发展具有重要意义。

1.3 研究方法

建设宜居宜业和美乡村不仅需要加强农村水资源供给条件的改善，更重要的是要提高农村居民低碳化用水能力，改变农村用水不当的生活习惯，从而确保农村居民生活质量。作为农业大国，农村水资源的管理与利用至关重要，特别是在河北省，作为华北地区及京津冀区域的重要省份，其农村水资源的低碳化利用具有特殊的示范和引领作用。

为了推动农村水资源低碳化利用研究，本书以河北省农村为例，采用调查问卷的方式，覆盖了不同地理、经济和社会背景的农村地区，对农村居民的生活用水情况进行了详细调研，也确保了数据的多样性和代表性。本书将基于调研结果，对农村水资源利用现状进行深入分析，并提出相应的农村水资源低碳化利用提升策略，以期为我国农村水资源低碳化有效利用提供有益借鉴和参考。

2　研究结果分析

为了全面了解河北省农村地区居民生活用水情况，本次采用详细的调查问卷方法，于2023年分别对石家庄、唐山、秦皇岛、邯郸、邢台、张家口、承德、沧州、廊坊、衡水、保定共11个市的农村地区进行实地调研。通过随机抽样的方式，共发放问卷500份，回收有效问卷468份，有效回收率达94%。

2.1　生活用水现状

2.1.1　用水类型

（1）主要用水来源情况

在河北省农村地区，居民生活用水的来源呈现出多样化的特点。根据最近的调研结果，我们可以清晰地看到自来水、井水和水泵抽取的地下水是主要的三大来源。其中，自来水因其便捷性和安全性受到了广大农村居民的青睐，占比高达82.26%（图1）。这一数据充分显示了近年来河北省在农村自来水建设方面所取得的显著成效，有效提升了农村居民的生活质量和健康水平。

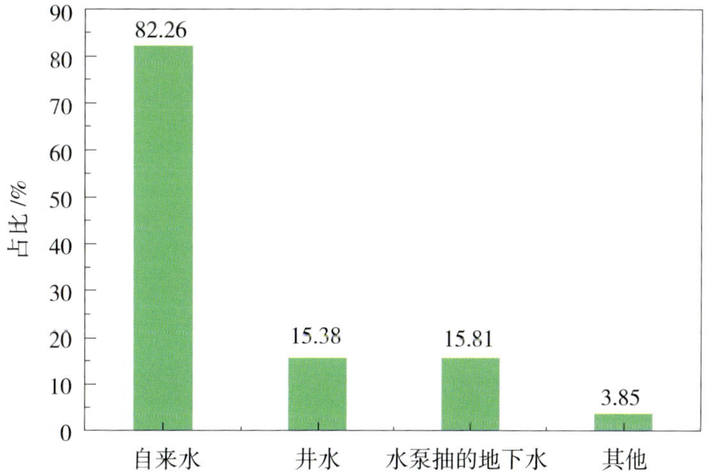

图1　农村居民用水方式占比

然而，尽管自来水占据了绝对的主导地位，但井水和水泵抽取的地下水仍然是不可忽视的补充。调研结果显示，利用井水的农村居民占比为 15.38%，而利用水泵抽取的地下水占比则为 15.81%。这两种水源在河北省农村地区仍有一定的市场份额，尤其在一些偏远地区或自来水设施尚未覆盖的区域，井水和地下水成了当地居民的主要生活用水来源。

除了上述三大来源外，调研还发现，有 3.85% 的农村居民采用了其他方式获取生活用水。这些方式可能包括雨水收集、河水或湖水等自然水源的利用。虽然占比不高，但这些其他方式在一定程度上也丰富了农村居民的生活用水来源，展示了他们适应环境、利用资源的智慧和创造力。

同时根据数据还可以看出，许多家庭的用水呈现出了多方式结合的趋势，主要包括自来水 + 井水、自来水 + 水泵抽取的地下水，以及自来水 + 井水 + 水泵抽取的地下水等方式，显示出农村家庭在应对水资源获取上的多样性和灵活性。这种多样化的用水方式可能源于家庭对水资源的需求、水源的可靠性、取水成本及取水便利性等因素的综合考虑。

（2）地域对于用水类型的影响情况

从河北省主要地区农村居民饮用水获取方式的数据中可以明显观察到（图 2），河北省省会石家庄在所收集的自来水样品中，使用自来水样品的数量达 93 个，反映出石家庄地区饮用自来水的情况较为普遍。然而，与此同时，非使用自来水的样品数量在主要调查地区中最多，达到了 22 个，其占比达 19.1%，这种现象可能是由于石家庄周边乡村的居民，由于地理位置偏远、基础设施建设滞后或经济条件的限制，尚未能全面接入自来水系统。这些地区可能仍依赖于传统的井水、河水或雨水收集等方式来满足日常饮水需求，这在一定程度上解释了非使用自来水样品数量较高的原因。此外，值得注意的是，虽然石家庄作为省会城市，其自来水普及率较高，但城乡之间、区域之间的水资源分配和利用情况仍存在不平衡。部分农村地区由于水资源匮乏、水质不达标或供水设施老化等问题，导致自来水服务难以覆盖到每一户家庭。因此，在推动农村自来水普及的过程中，需要特别关注这些地区和群体的饮水安全问题，采取更加精准有效的措施，确保他们也能享受到安全、便捷的自来水服务。

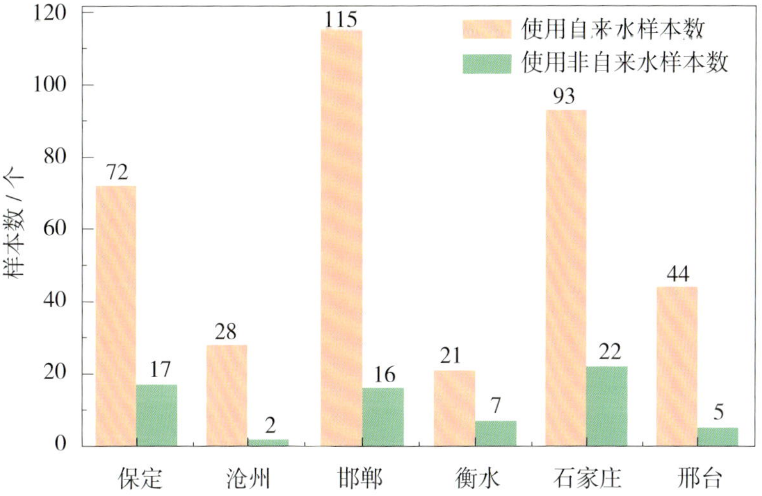

图 2　地域对于农村居民使用自来水情况影响

以石家庄为例，在其南部的邢台使用自来水样本数为 44 个，但其使用非自来水样本数仅占 10.2%，说明在邢台地区，自来水的使用率较高。同样，在邯郸，其使用自来水样本数达 115 个，非使用自来水样品数为 16 个，其使用自来水占比达 87.8%，处于较大比例。通过深入探索，我们不难发现，这种高使用率背后，是河北省近年来在水利基础设施建设上的不懈努力。从水源地的保护到水处理技术的升级，再到供水网络的全面覆盖，每一项举措都旨在提升居民用水的安全性和便捷性。特别是在“乡村振兴”战略的推动下，许多农村地区也逐步接入了自来水系统，让清澈的自来水流淌进了千家万户，极大地改善了农村居民的生活条件。此外，随着环保意识的增强，越来越多的居民开始认识到节约用水和保护水资源的重要性。在邢台、邯郸乃至整个河北南部地区，节水宣传教育活动如火如荼，不仅提高了公众的节水意识，还促进了水资源的可持续利用。这种自上而下的政策引导与自下而上的民众参与，共同构成了推动自来水使用率攀升的强大动力。

在石家庄东部的衡水，其使用自来水的样本相对较少，可以计算出其使用自来水的样本数占比仅为75%，相较于邢台、邯郸明显减少，这可能是由于衡水地区独特的地理环境与水资源分布状况所致。衡水位于华北平原腹地，虽不乏河流湖泊，但水资源相对分散，且受季节性影响较大。春季干旱少雨，加之农业灌溉需求激增，使得地下水水位下降明显，进而影响了自来水的供应稳定性。此外，衡水近年来致力于生态环境保护与可持续发展，采取了一系列节水措施，如推广节水灌溉技术、加强雨水收集利用系统等，这些举措在提高水资源利用效率的同时，也间接减少了自来水的消耗量。因此，相较于邢台、邯郸等周边城市，衡水的自来水使用样本数占比较低，既反映了其在水资源管理上的成效，也揭示了该地区在应对水资源短缺挑战上的不懈努力。

在石家庄北部的保定呈现较为相同的趋势，其使用自来水和使用非自来水的样本数均较高，分别为72个、17个，这可能是由于保定与石家庄地理位置相近，共享着相似的气候条件和资源分布，因此在用水习惯上也展现出了相似的态势。进一步深入分析，这种自来水与非自来水使用并存的现象可能源于多方面因素的交织影响。首先，保定作为历史悠久的城市，其基础设施建设在近年来虽然得到了显著提升，但仍有一部分老旧社区或农村地区，由于历史遗留问题或资金限制，尚未全面接入城市自来水管网。这些区域的居民往往依赖地下水井、泉水或其他非自来水水源来满足日常生活用水需求，从而导致了非自来水使用样本数相对较高的现象。其次，随着环保意识的增强和人们对健康生活的追求，一些保定市民开始关注水质安全，选择安装家用净水设备或直接购买桶装、瓶装水作为饮用水源。这种对水质的高要求，也在一定程度上推动了非自来水使用量的增加。此外，不可忽视的是，保定地区的水资源分布不均也可能是造成这一现象的原因之一。在某些水资源相对匮乏的地区，为了节约有限的水资源，当地政府和社区可能会鼓励居民采取节水措施，包括使用雨水收集系统、中水回用等技术手段，以及倡导非传统水源的合理利用，这些措施的实施也在无形中促进了非自来水使用量的提升。

在石家庄东北部的沧州，使用非自来水的占比最小，仅为 6.7%，原因可能是该地区地理条件优越，紧邻多条自然水系，如大运河的分支与多条季节性河流交织其间，为居民提供了丰富的地表水资源。自古以来，沧州便是华北平原上的水利重镇，古代智慧的劳动人民便巧妙利用这些自然水源，开凿了众多水井与灌溉渠道，形成了独特的农田水利系统。进入现代，随着科技的进步和政府对民生工程的重视，沧州更是加大了对水资源保护与利用的投入。一方面，通过引入先进的净水技术，将地表水进行科学处理后直接送入千家万户，既保证了水质的安全卫生，又提高了水资源的利用率；另一方面，推广节水器具，增强公众节水意识，鼓励居民和企业采用循环用水、雨水收集等节水措施，进一步降低了对地下水的依赖。此外，沧州还积极响应国家生态文明建设号召，实施了一系列生态修复和环境保护项目，如湿地保护、河流清淤、河岸绿化等，这些举措不仅改善了区域生态环境，也间接促进了水资源的可持续利用。因此，在多重因素的共同作用下，沧州成为河北省非自来水使用占比最小的城市，展现了其在水资源管理和利用方面的先进经验和显著成效。

因此可以看出，河北省不同地区的农村对于自来水的使用呈现地域性区别，这种差异的出现并非偶然，而是多种因素共同作用的结果。首先，地理位置的多样性是造成这种差异的重要因素之一。河北省内既有水源充足的平原地区，也有水资源相对匮乏的山地丘陵区域，这就导致了不同地区的农村在自来水供应情况上的差异。其次，水利设施的建设状况也是一个重要因素。一些地区由于历史原因或资金限制，水利设施建设滞后，导致自来水供应不足或不稳定。再者，政策的变化也对农村自来水使用产生了影响。随着国家对农村基础设施建设的重视和投入增加，一些地区农村的自来水设施得到了改善和升级，而一些地区可能还未能及时享受到这些政策的红利。这些综合因素共同决定了河北省不同地区农村在自来水使用上的地域性区别。

2.1.2 日常用水用途

通过调研，我们还收集到了河北省各地农村居民日常用水量主要用途情况。从图 3、图 4 中可以看出，日常水主要用于饮用、清洁、洗衣和做饭等。其中，日常饮用和做饭是农村居民用水的主要目的，占据了相当大的比例。同时，清洁用水也占据了不小的份额，包括洗漱、冲厕、打扫房间等日常生活活动，反映了水资源的宝贵性和农村居民对日常生活用水的需求。

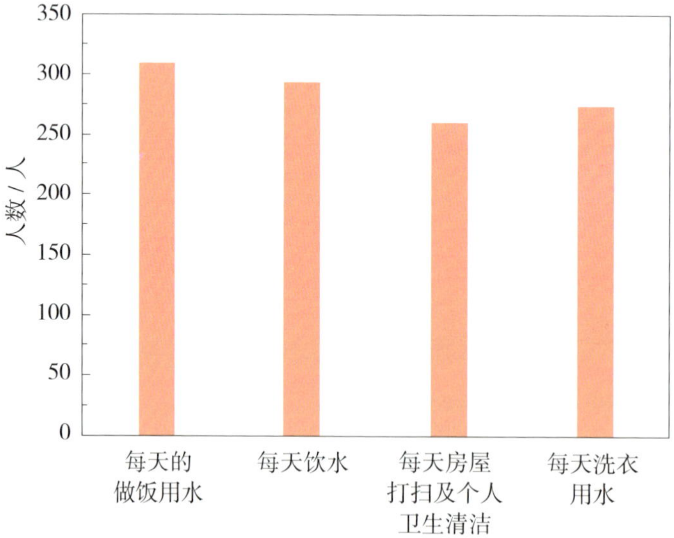

图 3　河北省居民用水用途

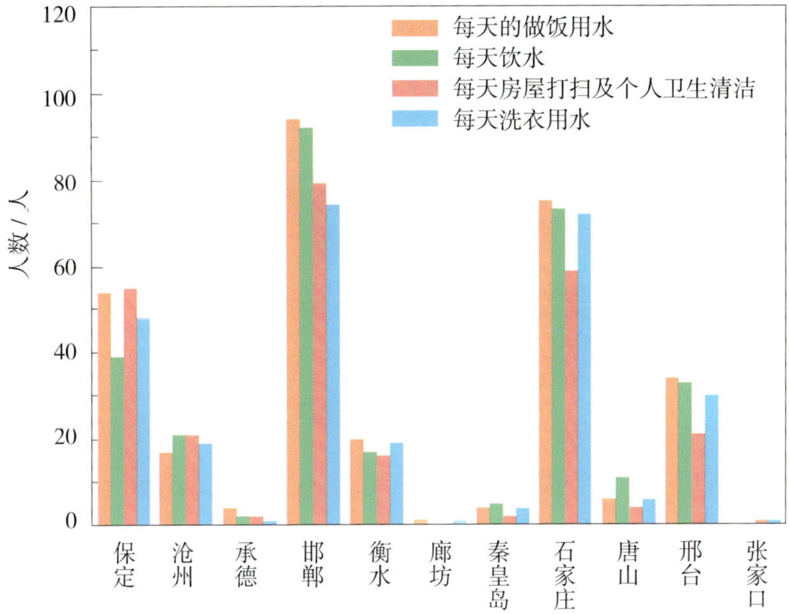

图 4　河北省不同地区农村居民用水用途

此外，从图中还可以看出，各地农村居民的日常用水量及主要用途虽然大致相同，但具体比例和排序却存在细微的差别。这可能与各地的气候、生活习惯、经济条件等多种因素有关。因此，在制定农村水资源管理政策时，需要充分考虑各地的实际情况，因地制宜地制定具体的管理措施。

总的来说，河北省各地农村居民日常用水量主要用途涵盖了多个方面，既有满足基本生活需求的饮水和做饭用水，也有满足日常生活习惯的洗衣和清洁用水。了解这些主要用途，有助于我们更好地管理和利用农村水资源，促进农村地区的可持续发展。

2.1.3　日常饮用水类型调研

图 5 清晰地展示了河北省农村地区日常饮用水类型的多样性及各类水源的普及程度。其中，烧开的自来水因其便捷性和经济性成为

大多数家庭的首选，占比超过一半，这既体现了自来水在农村地区的普及程度，也反映了农村居民对于饮用水安全性的重视。

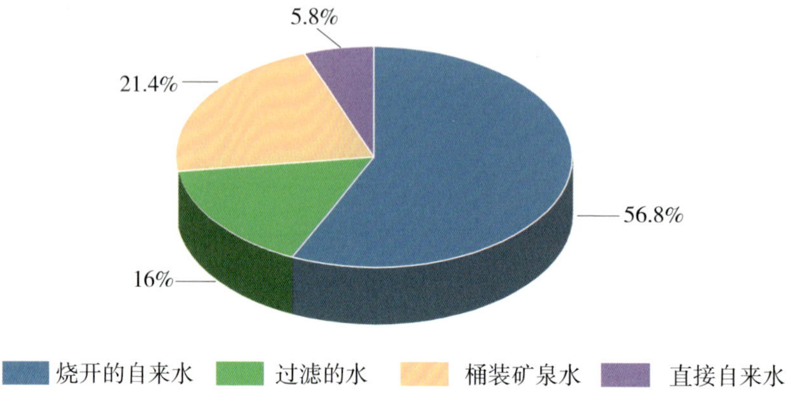

图 5　日常饮用水类型占比

桶装矿泉水以其纯净度和便利性在农村居民中占据了不小的市场份额，占比达到 21.4%。这一比例表明，随着生活水平的提高，农村居民对饮用水品质的要求也在逐渐提升，他们愿意为更优质的饮用水支付一定的费用。

过滤水占比达 16%，说明有一部分农村居民已经开始关注饮用水的健康问题，并通过家庭过滤设备来提高水质。虽然目前这一比例还相对较低，但随着健康饮水理念的普及，预计过滤水的使用比例将会逐渐上升。

直接饮用自来水的占比虽然只有 5.8%，但也反映出一些农村居民对于饮用水安全性认知的不足。这部分人群可能缺乏必要的饮用水安全知识，或者由于条件限制无法选择其他类型的饮用水。因此，加强饮用水安全知识的普及和教育，提高农村居民的饮用水安全意识，对于改善他们的饮水条件具有重要意义。

综上所述，河北省农村地区的饮用水类型呈现出多样化的特点，但仍然存在一些问题和挑战。未来仍需要进一步加强饮用水安全知识的普及和教育，提高农村居民的饮用水安全意识，同时推动更多安全、便捷、经济的饮用水类型的普及和应用，为农村居民提供更加健康、优质的饮用水环境。

（1）不同地区饮用水类型

对于不同地区居民对于饮用水方式的选择，我们从图6中可以看出，邯郸、保定和石家庄3个地区表现出相对明显的偏好。在使用烧开的自来水方面，邯郸和石家庄地区的使用人数均为77人，显示出这两个地区对于传统烧开自来水的方式有着较高的接受度。而在使用过滤水的方式中，邯郸、保定和石家庄的使用人数也位居前列，这可能反映了这3个地区居民对于水质安全的关注，并愿意通过过滤的方式进一步提升饮用水的质量。

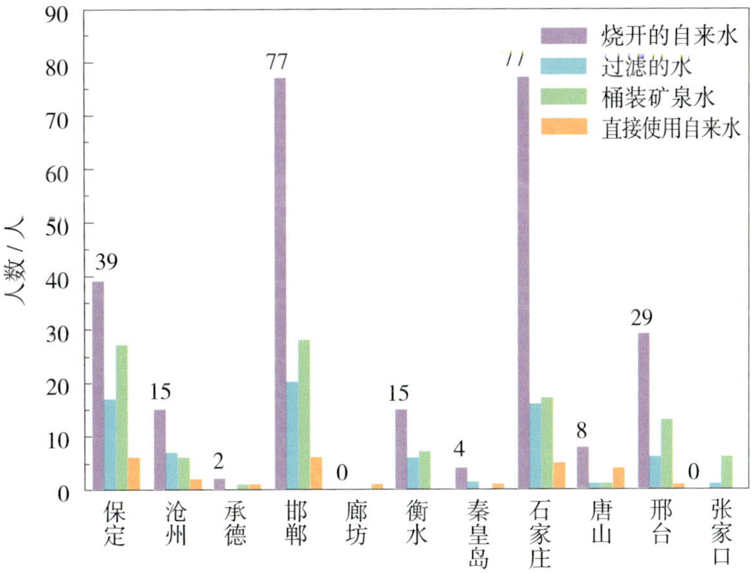

图6　河北省不同地区农村日常饮用水类型

在使用桶装矿泉水方面，邯郸和保定的使用人数最多，分别为27人和28人。这表明这两个地区的居民可能更加注重饮用水的品质和口感，愿意选择更为纯净的矿泉水来满足日常饮水需求。同时，直接使用自来水的方式中，保定、邯郸和石家庄的人数也相对较高，这可能是因为部分居民在特定场合或紧急情况下，会选择直接使用自来水，尽管这种方式可能存在一定的卫生风险。

综合以上数据，我们可以发现邯郸、保定和石家庄地区的居民在饮用水方式的选择上呈现出多样化的特点。不同的方式各有其优缺点，而居民的选择往往受到个人习惯、经济条件、水质安全等多方面因素的影响。因此，在推广饮水安全知识和倡导健康饮水方式时，需要充分考虑到不同地区的实际情况和居民的需求，制定更为精准和有效的宣传策略。

（2）不同年龄段饮用水类型

对于不同年龄层对饮用水方式的选择，我们进一步深入剖析了其背后的原因（图 7）。在烧开的自来水这一选项中，40~50 岁的农村居民占据了绝大多数，这可能与他们的生活习惯和理念有关。对于这部分人群来说，烧开的自来水既方便又经济实惠，而且他们认为烧开后的水能够有效去除水中的杂质和细菌，从而保障饮用水的安全性。

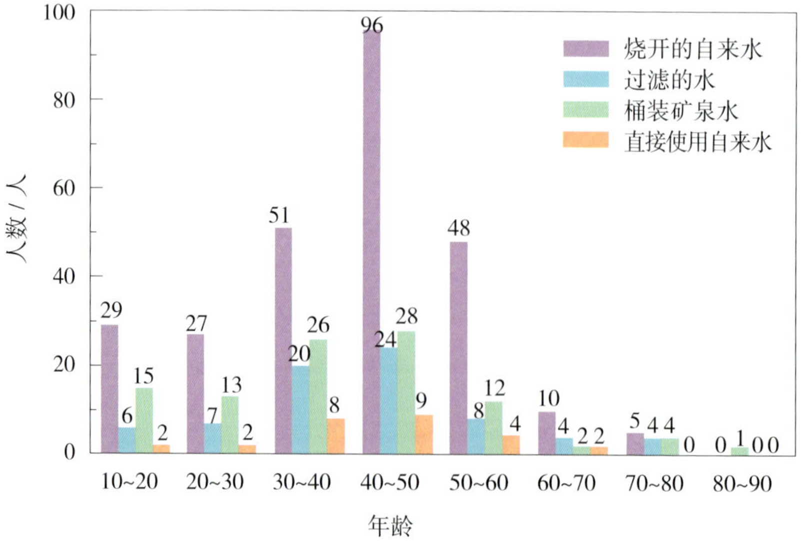

图 7 河北省不同年龄农村饮用水类型

而在过滤水方面，30~40 岁和 40~50 岁的人群选择较多。这部分人群可能更加注重生活品质和健康，他们认为通过过滤可以进一步去除水中的有害物质，提高饮用水的质量。此外，随着科技的进步和人们对健康意识的提高，过滤设备也逐渐普及，为这部分人群提供了更多选择。

在桶装矿泉水的选择上，30~40 岁和 40~50 岁的人群同样占据多数。这可能与他们的工作和生活环境有关，桶装矿泉水方便快捷，能够满足他们随时随地的饮水需求。同时，矿泉水中的矿物质和微量元素也有助于补充身体所需的营养。

然而，值得注意的是，仍有部分人群选择直接使用自来水。这可能是因为受他们的居住环境和条件限制，无法获取到更加安全、便捷的饮用水方式。因此，我们需要进一步关注这部分人群的饮水安全问题，并采取有效措施加以改善。

综上所述，不同年龄层对饮用水方式的选择受到多种因素的影响，包括生活习惯、健康意识、经济条件及环境条件等。因此，我们应该根据不同人群的需求和实际情况，提供多样化的饮用水选择，并加强宣传教育，提高公众对饮用水安全的认识和重视程度。

（3）不同文化程度的饮用水类型

从图 8 中我们可以清晰地观察到不同文化程度的农村居民在日常生活中的饮水习惯差异。总体来看，使用烧开的自来水的人数最多，这反映出烧开的自来水在农村地区仍占据主导地位。然而，随着教育程度的提高，农村居民的饮水习惯也呈现出一些变化。

在使用烧开的自来水方面，初中学历的农村居民使用人数最高，达到了 106 人。这可能与他们的生活习惯和认知水平有关，他们更倾向于选择传统的饮水方式，认为烧开的自来水既安全又方便。紧随其后的是高中学历的农村居民，人数为 78 人，尽管他们的教育程度有

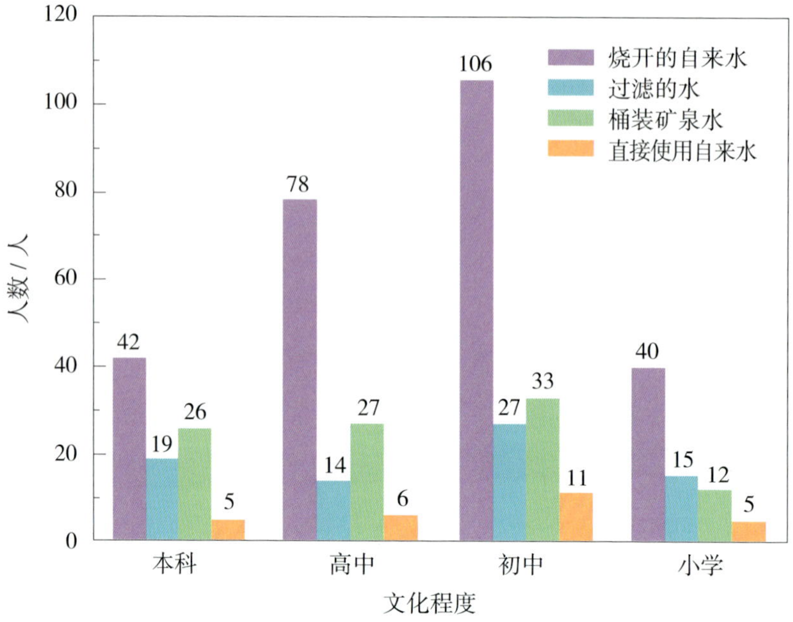

图 8　不同文化程度日常饮用水类型

所提高，但在饮水习惯上仍与初中学历的居民相似。本科和小学学历的人数相差不大，分别为 42 人和 40 人。本科学历居民可能更加注重饮水品质，但由于各种原因，他们仍然选择了烧开的自来水作为主要的饮水方式。

使用桶装水的人数仅次于使用烧开的自来水，各个文化程度的人数相差不大。其中，初中学历的人数最多，为 33 人，这可能是因为桶装水在农村地区逐渐普及，而初中学历的居民更易于接受新鲜事物。小学学历的居民使用桶装水的人数最少，为 12 人，这可能与他们的经济条件和接受程度有关。

使用过滤水的人数略低于使用桶装水的人数，初中学历的人数依然最多，为 27 人。这反映出随着教育程度的提高，农村居民开始关注饮水品质，并尝试使用更先进的饮水方式。本科学历的居民使用过滤水的人数为 19 人，排在第二位，反映出他们可能更加关注饮水安全。

高中和小学学历的居民在使用过滤水方面的人数相差不大。

直接使用自来水的人数最少，这可能是因为农村居民普遍认识到未经处理的自来水存在安全隐患。其中，初中学历的人数最多，为 11 人，这可能与他们的生活习惯和认知局限有关；其他学历的人数相差不大，均为 5~6 人。

综上所述，不同文化程度的农村居民在饮水习惯上存在一定差异。随着教育程度的提高，农村居民开始更加关注饮水品质和安全问题，并尝试使用更先进的饮水方式。然而，由于经济条件、生活习惯和认知水平等因素的影响，农村居民在饮水习惯上仍存在一些局限性。因此，我们应加强饮水安全教育，提高农村居民的饮水安全意识，引导他们选择更加健康、安全的饮水方式。同时，政府和社会各界也应加大投入，改善农村饮水条件，为农村居民提供更加安全、可靠的饮用水。

2.2　农业用水现状

2.2.1　农业用水比例

“十四五”发展期间，河北省的农村地区农业发展较快，这一现象带来了农村居民收入来源的多元化趋势，表现在农村居民的收入不再仅仅依赖于传统的农业生产，如种植粮食作物，而是开始涌现出多种收入渠道。根据完成的调研数据（图 9），我们可以明显观察到，在农村居民的生计方式选择上，依然有超过六成的农村居民，即 67.1% 的人坚守着传统的农业生产方式，他们依靠种植各种农作物为生，并且在灌溉方式上，他们更倾向于使用水浇灌这一传统方法。与此相对照的是，有 32.9% 的农村居民选择了不同的生计途径，他们放弃了传统的种植方式，或许转而从事了养殖业、农产品加工业或者是农村旅游等新型农业形态，这表明了农村居民收入来源正逐步变得多元化。这种转变不仅反映了农村经济的活跃度正在提升，同时也意味着农村居民在收入获取上有了更多的选择，这对于提高他们的生活质量和幸福感具有积极的意义。

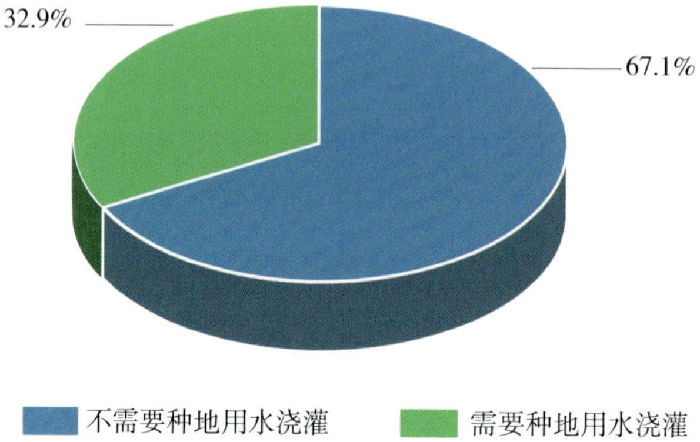

图 9　河北省农业用水情况

2.2.2　地域对于农业用水情况影响

通过河北省主要地域的农村农业品种及浇灌方式数据（图 10），我们不难发现，农村居民在种地及浇灌方面的样本数在不同地域间存在一定差异，可以看出邢台、衡水、邯郸、石家庄的种地与浇灌的比例较高，分别为 85.7%、75%、69.5%、66.1%，这可能是因为这些地区拥有较为丰富的农业资源，包括肥沃的土地、充足的水源及适宜的气候条件，为农业生产提供了良好的基础。邢台、衡水、邯郸、石家庄等地作为河北省的重要农业区，长期以来一直承载着粮食生产和农产品供应的重任。同时，这些高比例的种地与浇灌活动可能还与当地农民的传统耕作习惯和农业生产模式密切相关。此外，随着现代农业技术的不断推广和应用，这些地区的农业生产水平也在不断提升，新型农机具、节水灌溉技术、病虫害绿色防控技术等的应用，不仅提高了农业生产效率，还降低了生产成本，进一步激发了农民从事农业生产的积极性。

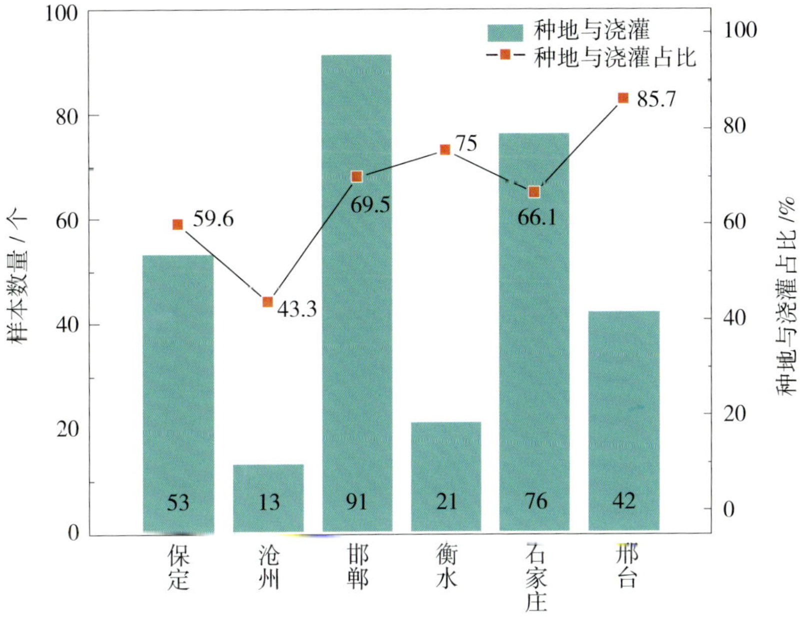

图 10　不同地域农村居民种地及浇灌样品数及比例

而在这些地区中，保定和沧州在种地及浇灌方面的样品数占比相对较低，分别为 59.6% 和 43.3%，原因可能是保定与沧州在农业领域虽有着深厚的根基，但在现代化农业技术的普及与应用上，似乎还存在着一定的滞后。保定，作为京津冀协同发展的重要节点城市，其农业资源丰富，然而在面对种地及浇灌方式的革新时显得较为保守。这可能是由于长期以来当地农民习惯了传统的耕作模式，对于新兴技术，如滴灌、喷灌等节水灌溉技术的接受度尚需时日。此外，技术推广的资金投入不足、农民技术培训不到位等因素，也可能在一定程度上制约了保定农业向更高效、更节水方向的转型，因此大部分居民可能放弃了农耕方式而选择更容易带来效益的其他生计方式。

而沧州，这座濒临渤海的港口城市，其农业同样面临着挑战，一方面，沧州地势低洼，盐碱地较多，对农作物的生长构成了一定限制，也增加了灌溉的难度和成本；另一方面，沧州地区的水资源相对紧张，如何在保证农业生产的同时，实现水资源的合理利用与保护，成为当地农业部门亟须解决的问题。因此，尽管沧州在努力推广节水灌溉技术，但受限于自然条件和技术推广力度，成效尚不显著，这也可能是其种地及浇灌样本数占比较小的主要原因。

面对这些挑战，保定与沧州需要采取更加积极有效的措施，推动农业生产的转型升级，一方面应不断加强农业技术研发与推广，引进适合当地自然条件的高效节水灌溉技术，并通过示范项目、技术培训等方式，提高农民对新技术的认识和掌握程度；另一方面，应加强水资源管理和保护，建立健全水资源监测和预警机制，确保农业生产的可持续发展。

2.2.3 农业用水方式

在当前的农业生产活动中，灌溉技术多种多样，其中最为广泛采用的主要有以下 6 种：滴灌、覆膜灌、沟灌、喷灌、微灌及穴灌。根据图 11 所示的数据分析，我们可以发现，在所调查的农村居民中，大多数仍然倾向于使用传统的沟灌方式进行灌溉，其样本数量高达 189 个。这种现象可能与传统的灌溉习惯、简易的操作流程及较低的成本投入等因素有关。然而，传统的沟灌方式也存在不少问题，例如水的利用率相对较低，容易造成水资源的浪费，这在一定程度上也影响了农业生产的可持续性。

与此同时，其他几种灌溉方式在样本中的占比相对较小。例如，喷灌和其余几种灌溉方式的样本数量分别为 35 个和 36 个；穴灌、微灌及覆膜灌这 3 种较为节水的灌溉方式，其实际应用的样本数量也不多，分别为 17 个、12 个和 12 个。在所有调查样本中，最为节水的滴灌方式的使用量却是最少的，仅有 9 个样本采用了这种技术。

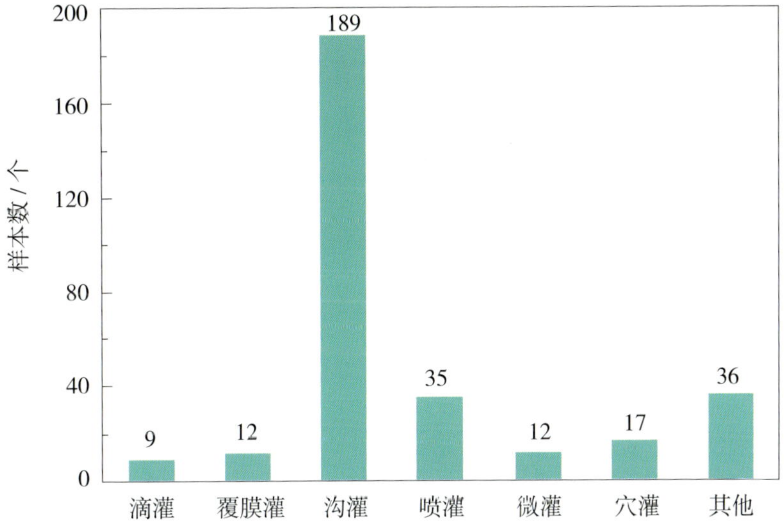

图 11 河北省主要农业浇灌方式

这一现状反映出尽管滴灌等节水灌溉技术在理论和技术层面上具有明显优势，但在实际推广应用中仍面临诸多挑战。可能的原因包括初始投资成本较高、技术门槛及对农民的技术培训不足等。因此，为了提高我国农业灌溉的效率和节水水平，未来还需要在这些方面做出更多的努力。

2.3 农村居民低碳化用水现状

除了对农村居民日常用水习惯进行深入的调研和分析之外，我们还对农村居民的低碳化用水方式进行了调查和研究。希望通过这次调研，能够深入了解农村居民在低碳化用水方面的情况，以便于提出更加切实可行的建议和措施，促进农村居民低碳化用水习惯的养成。

2.3.1 日常用水低碳化情况

通过一系列精心设计的问卷调查问题，对河北省农村居民关于健康用水和低碳生活理念的认知和态度进行了详细的考察和分析。在问卷的初步阶段，我们询问了农村居民对于水资源本质的理解，即他们是否认为水资源是取之不竭、用之不尽的。根据图 12（a）所展示的数据，我们可以发现，绝大多数的农村居民，即 80.8% 的人持有水资源有限的观念，他们认识到水资源的可持续性需要我们每个人的共同努力和节约使用。然而，尽管这样的认知观念较为普及，但仍有 10% 的农村居民保持着水是无限资源的老旧观念，这可能反映出他们

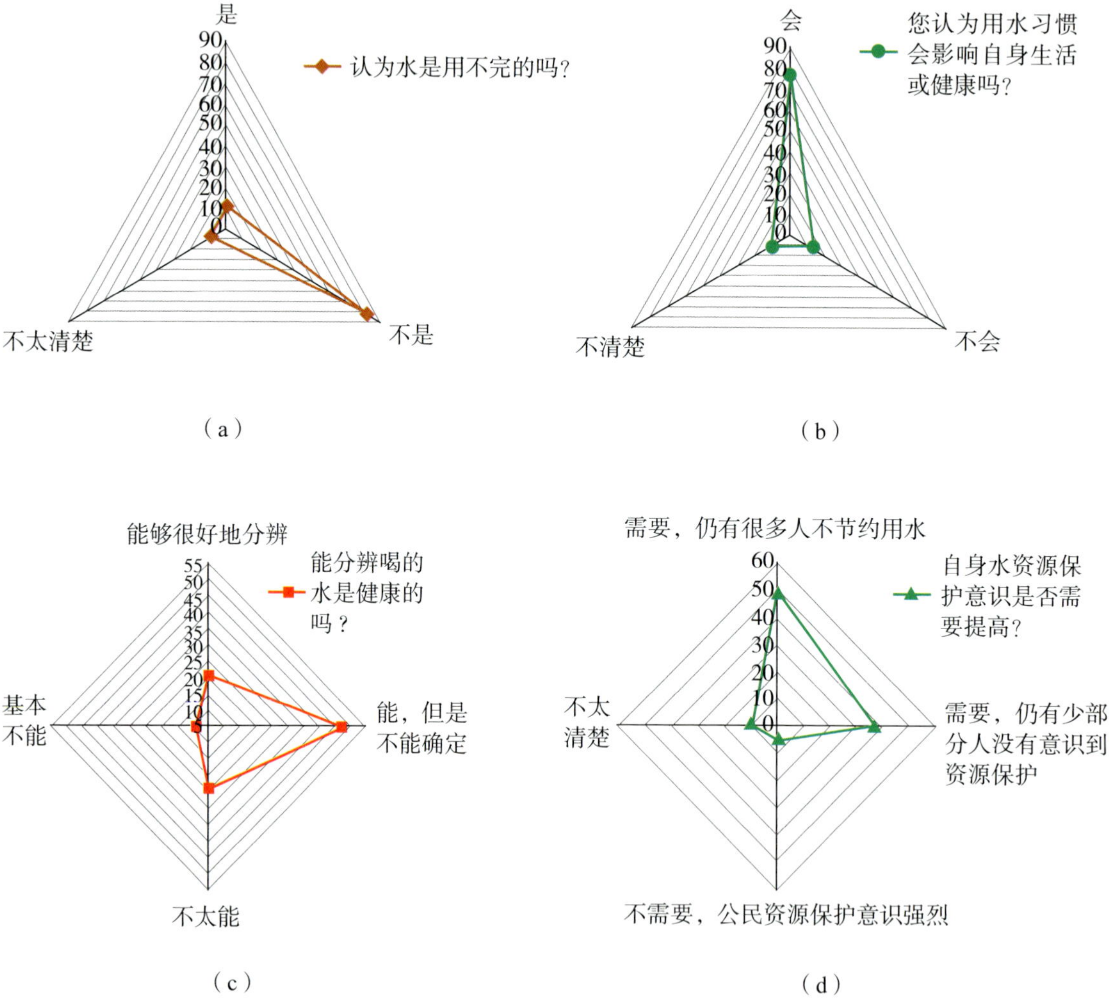

图 12　农村居民健康与低碳化用水理念

对水资源稀缺性认识的不足。此外，还有大约 10% 的农村居民表示对于这个问题无法回答，这可能意味着他们对水资源的概念并不清晰，或者在日常生活中缺乏对水资源的关注和思考。这一发现提示我们，关于水资源的可持续使用和保护环境的低碳生活理念的教育仍然任重道远，需要进一步通过教育和社区活动来提高农村居民的环保意识和水资源利用效率。

根据图 12（b）所示的调研结果，我们可以深入了解到我国农村居民对于水资源健康与低碳化的观念。调研数据显示，绝大多数的农村居民，即 76.3% 的人认为日常的用水习惯会对他们自己的生活或者健康产生影响。这表明，农村居民已经开始意识到日常用水行为与水资源健康之间的密切联系，并且愿意采取更加健康、低碳的用水方式来保护自己的生活环境和身体健康。然而，仍有 13.5% 的农村居民认为他们的用水习惯不会对生活或健康产生影响。这部分农村居民可能还没有充分认识到水资源健康与低碳化的重要性，或者他们对水资源保护的知识了解不足，导致他们对用水行为与生活健康之间的关系缺乏认识。此外，还有 10.2% 的农村居民表示他们对这个问题并不清楚。这可能是因为他们对于水资源保护的相关知识了解不够，或者他们没有足够的关注和重视这个问题。这也提示我们，还需要加强对农村居民关于水资源保护的宣传教育，提高他们的水资源保护意识，引导他们形成健康、低碳的用水习惯。总的来说，虽然我国农村居民对于水资源健康与低碳化的认识已经有了较高的水平，但仍有一部分农村居民需要进一步提高他们的水资源保护意识。因此，我们需要继续加强对农村居民关于水资源保护的宣传教育，让更多的农村居民认识到水资源健康与低碳化的重要性，共同为保护我们的水资源环境做出努力。

根据图 12（c）所示的调研结果，我们可以了解到关于农村居民在分辨饮用水是否受到污染这一问题上的具体情况。调研数据显示，仅有 20.1% 的农村居民能够较为准确和快速地判断出饮用水是否受到了污染。这意味着这部分农村居民具有一定的环保意识和相关知识，能够对饮用水的安全性进行基本的判断。然而，还有 47.1% 的农村居民虽然有一定的分辨能力，但由于知识储备不足，他们并不能确定自己辨别的是否准确。这部分农村居民虽然意识到饮用水可能存在污染问题，但在没有足够知识支持的情况下，很难做出准确的判断。另外，有 23.7% 的农村居民表示自己并没有能力去辨别饮用水是否受到污染。这部分农村居民可能因为教育水平、生活环境等因素，对饮用水污染问题缺乏认识和了解，因此无法进行有效的判断。最后，有 9.19% 的农村居民明确表示自己没有辨别饮用水污染的能力。这部分农村居民可能对饮用水污染问题完全不了解，或者认为这个问题与自己的生活无关。总的来说，农村居民在分辨饮用水是否受到污染的问题上普遍存在一定的困难。为了提高农村居民的环保意识和知识水平，相关部门应加大对饮用水污染问题的宣传和普及力度，确保农村居民能够更好地保护自己和家人的健康。同时，政府和相关部门还应加强对农村饮用水安全的监管，确保农村居民的饮用水安全。

根据图 12（d）所显示调研数据，我们可以清晰地看到农村居民在水资源保护意识方面的现状。调研发现，有 48.9% 的农村居民认为自己在水资源保护方面还有很大的提升空间，他们认识到当前许多人并没有养成良好的节约用水习惯；另有 36.5% 的农村居民觉得有必要加强水资源保护意识，因为他们的周围仍有一些人对于资源保护的重要性缺乏认识；而 5.1% 的农村居民则认为自己在水资源保护意识方面已经足够，无须进一步提升；此外，还有 9.5% 的农村居民对于水资源保护意识的需求表示不确定，可能他们对这个问题还没有深入的思考或了解。当然，我们可以进一步探讨这些调研结果背后的原因和可能的影响。首先，对于48.9%的农村居民来说，他们意识到自己在水资源保护方面还有很大的提升空间，这是一个积极的信号。这表明他们愿意并希望能够为水资源的可持续利用做出贡献。然而，他们可能也面临着一些挑战，比如缺乏相关的水资源保护知识、缺乏节约用水的具体措施和方法等。因此，我们需要通过各种渠道向他们提供必要的信息和资源，帮助他们更好地理解和实践水资源保护。其次，36.5%的农村居民认为提升水资源保护意识是有必要的，这表明他们意识到了水资源保护的重要性，并且愿意为此付出努力。然而，他们可能也面临着一些困难，比如身边的人没有形成良好的水资源保护习惯，或者缺乏相关的政策和法规支持等。因此，我们需要通过教育和宣传来增强他们的水资源保护意识，并推动相关政策和法规的制定和实施。再次，对于5.1%的农村居民来说，他们认为自己在水资源保护意识方面已经足够，无须进一步提升。这可能是由于他们对自身在水资源保护方面的表现过于自信，或者对水资源保护的重要性缺乏足够的认识。因此，我们需要通过更多的宣传和教育来帮助他们意识到水资源保护的重要性，并激发他们参与水资源保护的积极性。最后，对于9.5%的农村居民来说，他们对水资源保护意识的需求表示不确定。这可能是由于他们对水资源保护的了解不够深入，或者对这个问题缺乏足够的关注。因此，我们需要通过更多的渠道和方式来向他们传递水资源保护的信息和知识，帮助他们建立正确的认识和态度。

2.3.2　日常用水科普知识掌握情况

在对农村居民的日常用水习惯有了一定的认识和理解并进行分析之后，进一步对他们在日常生活中采用的低碳生活方式进行了调研，主要关注农村居民在实际生活中如何运用简单而有效的小技巧减少能源消耗和水资源的浪费，从而实现低碳环保的生活方式，包括农村居民在使用水资源时的节能减排措施，以及他们对于水资源可持续利用的实际行动等。通过这些调研，能够更好地推广和普及低碳生活理念，引导农村居民形成良好的用水习惯，共同为保护环境、节约资源做出贡献。

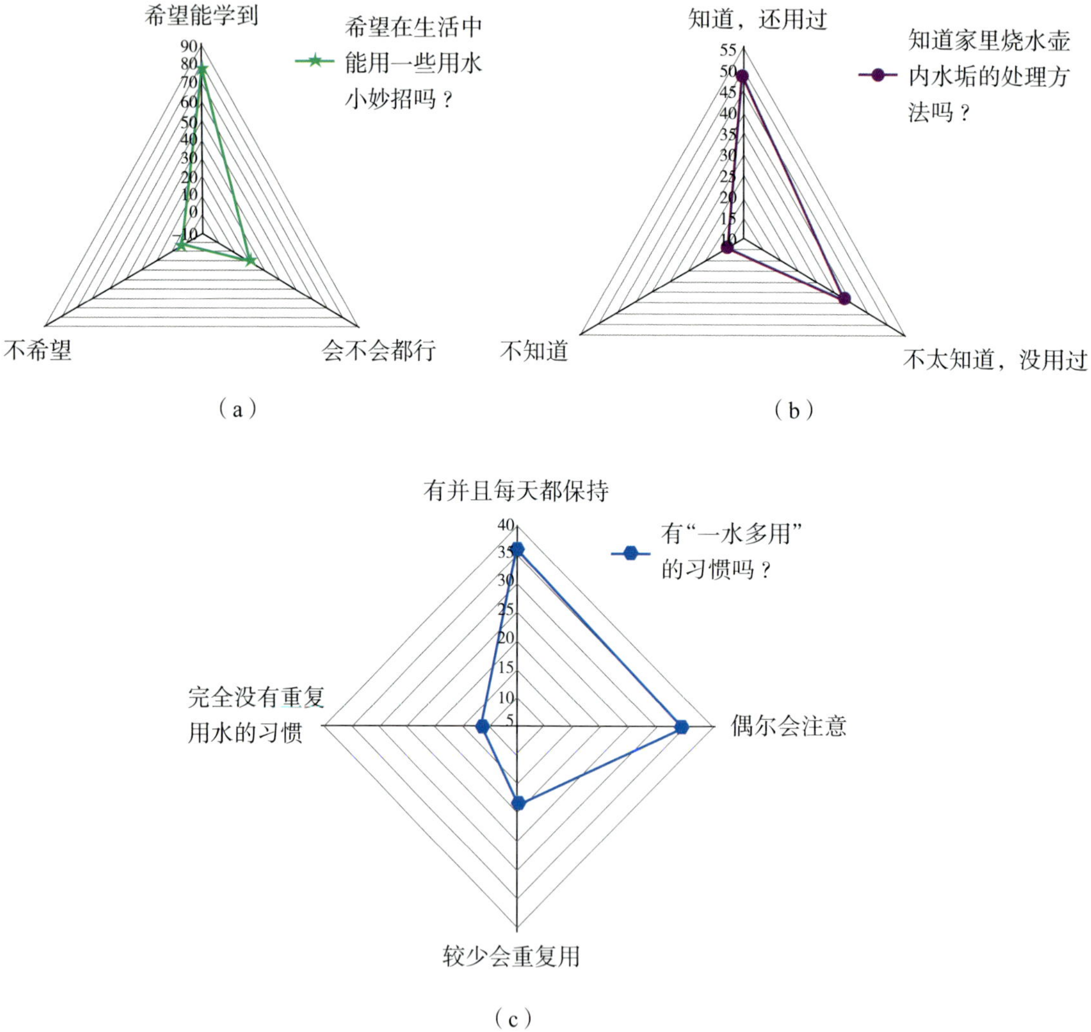

图 13　农村居民日常用水“小妙招”的使用情况

观察图 13（a）所示的数据，我们可以明显地看出，在参与调查的农村居民中，绝大多数，即 77.4% 的人表达出强烈的愿望，希望能掌握一些实用的、日常生活中可以频繁运用的水资源利用的“小窍门”或“小技巧”。这反映出农村居民对水资源有效利用的重视程度及提高生活质量的渴望。另一方面，有 20.5% 的农村居民认为是否掌握这些“小妙招”并不重要，这可能是因为他们可能对水资源利用的紧迫性或者实际操作的便利性缺乏足够的认识。而仅有 2.1% 的农村居民明确表示他们不希望学习任何关于水资源利用的“小妙招”，这可能是因为他们认为这些知识对他们的生活并无太大帮助,或者他们已经有了自己习惯的水资源利用方式。总的来说，这些数据为我们提供了农村居民对水资源利用“小妙招”态度的清晰画像，也为我们进一步推广水资源节约和有效利用的知识提供了有益的环境。

针对我们在日常生活中经常会遇到的一些情况，我们进行了调研，提到了日常农村居民是否有关于去除水垢的日常使用方法。根据图 13（b）的数据我们可以看出，在参与调查的家庭中，有 48.3% 的家庭表示他们知道这种方法，并且已经在日常生活中使用。这表明，这部分家庭对日常水资源使用的“小妙招”有一定的了解，并且已经将其应用到实际生活中，取得了良好的效果。然而，调查也显示有 37.8% 的家庭表示他们对这种方法不太了解，甚至从未使用过。这部分家庭可能因为各种原因，如缺乏相关知识、不了解日常水资源使用的“小妙招”等，导致他们未能采取有效的措施来解决水垢问题。这也提示我们需要加强对日常水资源使用的“小妙招”的普及，让更多的家庭了解并使用，以提高他们的水资源低碳化利用情况。此外，调查还发现，有 13.9% 的农村家庭表示他们根本不知道去除水垢的方法。这部分家庭可能因为受到生活环境、教育资源等方面的限制，导致他们对日常水资源使用的“小妙招”缺乏了解。这也提醒我们，在推广水资源低碳化利用的过程中，我们需要特别关注农村地区，提供更多的支持和帮助，以确保所有家庭都能享受到这种方法带来的便利。

观察图13（c）所示的数据，我们可以清楚地发现，在农村居民中，有接近1/3，也就是35.9%的人形成了非常可贵的“一水多用”的节水意识，并且在日常生活中能够坚持实践这一行为。这意味着他们不会让水资源仅仅被使用一次，而是会尽可能地多次利用。然而，并非所有农村居民都能做到这一点，部分人对此行为的实践程度有所不同。具体来说，有34.2%的农村居民表示他们在某些时候会留意并尝试“一水多用”，但这种行为并不是他们日常生活的常态。我们还发现有18.4%的农村居民很少会重复使用水资源，这可能是因为他们缺乏节水意识，或者是因为他们没有方便的条件来储存和再次利用水资源。相对而言，有11.5%的农村居民表示他们从不进行“一水多用”，这可能反映了他们对水资源的过度依赖，或者他们对节水的重要性缺乏认识。这些数据提示我们，尽管农村居民中有一定比例的人已经形成了良好的节水习惯，但仍有相当一部分人需要通过教育和措施来提高他们的节水意识和行动。

2.4　农村水资源低碳化宣传现状

在河北省农村居民水资源低碳化宣传方面，通过图14的数据我们可以清晰地看到，在河北省农村居民中大约有一半以上的人（达到40.6%）表示他们偶尔会看到自己所在社区或村庄的相关宣传，然而，他们对这些宣传的内容并不是特别关注，认为对自己帮助不大。这可能是因为这些宣传内容并没有引起他们的兴趣，或者与他们的实际需求不符。

另外，有32.1%的农村居民表示他们能够经常看到相关宣传，而且这些宣传内容比较全面。这说明这部分农村居民所在社区或村庄的宣传工作做得比较好，能够及时地向居民传递有益的信息，提高他们的认知水平。

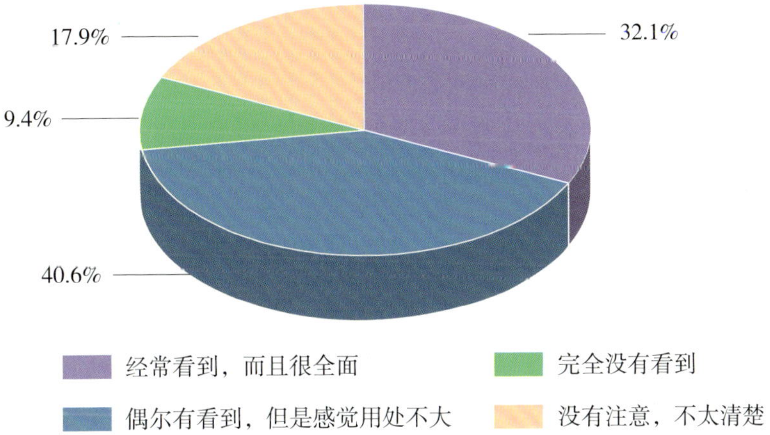

图 14　农村居民对于农村水资源低碳化的宣传情况

值得注意的是，有 17.9% 的农村居民表示他们并没有注意到这些宣传，甚至不太清楚有这样的宣传存在。这可能是因为宣传力度不够，或者宣传方式不够吸引人，导致这部分农村居民对宣传内容缺乏了解。而另外 9.4% 的农村居民则表示他们完全没有看到过任何宣传。这种情况可能出现在一些偏远地区的农村，由于信息传播渠道不畅通，导致农村居民对社区或村庄的宣传一无所知。

这些数据揭示了河北省农村居民对水资源低碳化利用的宣传认知度和接受度，也为相关部门制定更加有效的宣传策略提供了重要的参考。针对不同情况的农村居民，相关部门应该采取有针对性的宣传手段，如加大宣传力度、提高宣传质量、创新宣传方式等，以确保宣传工作的顺利进行，从而提高农村居民的认知水平和生活质量。同时，也应该关注农村居民的实际需求，确保宣传内容与他们的生活息息相关，使他们能够真正受益于宣传工作。

通过对各地区宣传样本数量在该地区全部样本中所占比例进行的对比分析（图 15），我们可以清晰地看到，在农村居民所在的社区或者村庄中，能够经常看到水资源低碳化宣传的比例较高的地区主要包括衡水（57.1%）、邢台（48.9%）、秦皇岛（33.3%）、保定（31.5%）、石家庄（31.3%）等地。这些数据显示，这些地区对水资源低碳化宣传的重视程度较高，宣传效果较好。然而，邯郸、承德、沧州这 3 个地区的比例则有所下降，处于 20%~25% 的水平。这说明这些地区对水资源低碳化宣传的力度相对较弱，需要加强宣传，提高公众对水资源低碳化的认识和重视。至于唐山市，其比例仅为 7.1%，表明唐山市对于水资源低碳化宣传的力度还远远不够。这一结论进一步强调了在不同地区进行针对性宣传的重要性，以确保信息的有效传达和公众意识的提高。对于唐山市来说，需要加大宣传力度，强化宣传效果，让更多的人民群众了解水资源低碳化的重要性，从而形成良好的社会氛

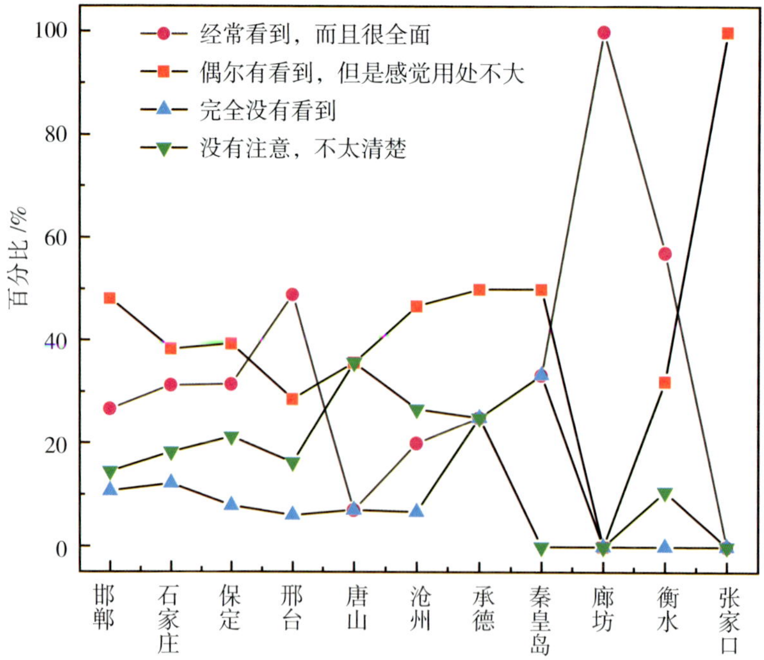

图 15　不同地域农村水资源低碳化的宣传情况

围。综上所述，各地区在水资源低碳化宣传方面存在一定的差距，需要针对不同地区的实际情况，制定出更加科学合理的宣传策略，以强化宣传效果，推动水资源低碳化进程。同时，也要注重宣传的持续性和有效性，通过多种形式的宣传，不断提高公众对水资源低碳化的认知程度，使其成为全民共同参与的事业。

通过图 15 所呈现的数据，我们可以清晰地观察到，在农村居民中，那些完全没有接触到水资源低碳化宣传的地区，其分布呈现出明显的地理集中性。其中，秦皇岛地区的情况较为严重，完全没有接触到水资源低碳化宣传的农村居民比例高达 33.3%，这一比例是所有地区中最高的。紧随其后的是承德地区，其比例为 25%，这也进一步说明，在河北省内，秦皇岛和承德两地在水资源低碳化宣传方面的工作成效处于两个极端化，有的村庄或社区进行了良好的宣传，而有的村庄或社区则完全没有水资源低碳化的宣传，或宣传程度极低。而邯郸和石家庄两地的农村居民，没有接触到水资源低碳化宣传的比例相对较小，分别为 10.7% 和 12.2%，这一现象可能与两地的宣传工作力度有关。其他地区的农村居民，没有接触到水资源低碳化宣传的比例均低于 10%，具体从高到低分别为保定（7.9%）、唐山（7.1%）、沧州（6.7%）和邢台（6.1%）。这些数据不仅揭示了我国农村居民在水资源低碳化宣传方面的地域差异，也反映出河北省农村在水资源低碳化宣传工作的推广和实施上还存在一定的挑战和差距。

3　农村水资源低碳化利用总结

3.1　存在的问题

3.1.1　河北省农村居民日常生活低碳化用水情况参差不齐

根据调研结果可以看出，在我国河北省的农村地区，居民们的日常生活用水主要依赖自来水、井水及河水等。其中，自来水因其便利性和普及性，在各个水源中占据较为重要的地位，然而，尽管其使用范围广泛，水质问题却不容忽视，存在着较大的波动和不稳定性。另一方面，井水作为一项历史悠久的饮水来源，依旧被部分居民所青睐。但是，由于地下水水位的不稳定下降及水质受到污染等问题，使井水的可持续使用能力面临着严峻的考验。此外，河水作为一种受季节和地理环境影响较大的水源，其利用的便捷性和可持续性也相对较低。

在生活用水的使用习惯上，河北省农村地区的居民普遍存在着水资源浪费的问题，例如在洗菜、洗衣等日常活动中，未能充分利用水资源，导致了一定程度的浪费。同时，节水意识在这些地区也相对薄弱，许多居民对于节水器具和节水技术缺乏足够的了解和认识，从而缺乏主动节约和利用水资源的意识。这些问题都需要通过加强宣传教育、推广节水技术和设施等方式来提高居民的节水意识和行动。

3.1.2 河北省农村居民农业低碳化用水情况参差不齐

河北省的农村地区在推动低碳化用水方面，其进展状况与成效展现出了极为显著的差异性与复杂性。部分经济条件较为优越、环保意识较强的农村地区，已经在水资源的可持续利用与节能减排方面迈出了坚实的步伐。他们积极引入先进的节水灌溉技术，如滴灌、喷灌等，有效减少了水资源在农业生产中的浪费。同时，还大力推进雨水收集与利用系统，将自然降水转化为宝贵的灌溉资源，进一步提升了水资源的利用效率。此外，这些地区还加强了防渗措施，对输水渠道、农田灌溉设施等进行了全面改造，有效遏制了水资源的渗漏与流失。然而，与之相对的是，仍有一部分农村地区在低碳化用水的实践上显得力不从心。这些地区可能受制于落后的经济条件、匮乏的技术支持及相对薄弱的村民环保意识，导致他们在节水减排、资源循环利用等方面难以取得突破性进展。农田灌溉依然沿用传统的漫灌方式，水资源浪费严重；雨水收集与利用系统建设滞后，自然降水得不到有效利用；防渗措施不到位，水资源在输送与利用过程中大量渗漏与流失。这些问题不仅严重制约了农村地区的可持续发展，也对当地生态环境造成了不小的压力。

3.1.3 河北省农村居民水资源低碳化用水宣传不足

在河北省的农村地区，关于水资源利用的低碳化宣传存在明显的不足。这主要表现在对节水意识、水资源循环利用及低耗水技术的普及教育不够充分。目前，农村居民对于水资源的珍贵性认识不足，缺乏有效的节水习惯和措施。其次，水资源循环利用的概念在农村地区的推广也遇到了难题。例如，收集和利用雨水、科学合理地处理和再利用生活用水等观念和技术并没有被广大农村居民所接受和应用。在很多情况下，农民还没有充分意识到，即使是自然界中的水资源，也不是无穷无尽的，过度使用和浪费水资源的状况时有发生，这在一定程度上加剧了水资源的短缺问题。此外，对于水资源循环利用的理念，如收集雨水、合理利用生活用水等，也尚未广泛渗透到农村居民的日常生活中。河北省农村地区在水资源利用的低碳化宣传和教育方面还有很长的路要走。需要通过更加深入和广泛的宣传活动，提高农村居民对水资源的认知水平，培养他们的节水意识，推广水资源循环利用的理念和技术，教授他们运用低耗水技术，从而在整体上提升农村地区水资源利用的效率和可持续性。

3.2 河北省农村居民水资源低碳化利用提升建议

为了在农村地区深刻践行水资源低碳化的理念，我们需要制定并实施一系列全面而深入的科普策略，以显著增强科普的力度和广度。具体而言，我们需要从多个维度出发，以更加生动、具体和全面的方式，向广大农民群众普及低碳水资源的知识。

3.2.1 加强水资源低碳化科普宣传

为了进一步提高农村居民对水资源低碳化利用的认识和重视，我们应当充分利用多种媒体平台，包括高清电视、乡村广播、权威报纸及网络新媒体等，以多种多样的形式和浅显易懂的语言，生动形象地向农民朋友展示低碳水资源的核心价值、深远意义及具体可行的实践路径。我们可以通过分享引人入胜的案例、深入浅出的理论解析和直观明了的微视频展示，让农民朋友在轻松愉快的氛围中掌握低碳水资源的相关知识。

这也是我们的初心，我们制作简单易懂的微视频，并通过农村居民日常生活能够接触到的媒体平台进行播放，以此为他们普及水资源及低碳化利用的知识，使他们能够在日常生活中更好地理解和应用这些知识。我们希望通过这样的方式，让农村居民深刻认识到低碳水资源利用的重要性，进一步提高他们的环保意识，从而推动我国农村水资源的低碳化利用，为保护我国的水资源、实现可持续发展做出贡献。

3.2.2 逐步丰富科普教育形式

随着科普宣传工作不断深入的推进，应当努力拓宽其宣传的渠道和形式，力求做到丰富多彩、生动活泼。例如，可以主动策划和组织一系列别开生面、内涵丰富的低碳水资源科普教育活动，这些活动可以包括邀请国内外的知名专家、学者及环保领域的有识之士，亲自深入到农村地区，为那里的农民朋友们带来一场场内容充实、视角独特的讲座和研讨会。通过这种面对面的交流，不仅可以传播先进的低碳水资源的观念，还可以解答农民朋友们在实际生产生活中遇到的水资源问题。另外，还可以策划和组织以低碳水资源为主题的展览活动，通过实物展示、互动体验等多种形式，让农民朋友们能够直观地感受到低碳水资源的现实意义和潜在价值。这样的展览不仅能引起他们的兴趣，还能帮助他们更好地理解和接受低碳水资源的观念。同时，还应该鼓励农民朋友们积极参与到低碳水资源的实践活动中去，比如节水灌溉、雨水收集和利用等。通过亲自动手实践，他们不仅可以学习到更多的低碳水资源知识，还能够掌握一系列实用的技能，这对于提升他们的生产效率和生活质量都将大有裨益。总的来说，就是要通过多种方式和渠道，让低碳水资源的科普教育深入人心，让更多的农民朋友能够理解和接受低碳水资源的观念，从而在实际行动中保护和合理利用水资源。

3.2.3 加强低碳水资源的科普队伍建设

为了深化和拓宽低碳水资源的科普工作，亟须构建一个更为坚实的科普人才团队。这不仅是一个选拔和培养的过程，更是一个对热爱环保事业、拥有专业知识背景人才的高度认可，团队应当物色那些对低碳水资源有深刻理解，同时具备丰富科普经验的优秀人才，通过系统的培训和专业知识的提升，使他们成为低碳水资源的专业人士。同时，科普人才意味着必须不仅要有深厚的专业知识储备，更要有将复杂概念和信息转化为易于理解的语言的能力。他们应当能够与农民朋友们建立起良好的沟通桥梁，用浅显易懂的方式传授低碳水资源的科学知识，帮助他们认识到水资源的重要性及如何在日常生活中实践低碳理念。此外，这些科普人才还应具备强烈的责任心和使命感。在解答农村居民疑问时，他们需要展现出极大的耐心和细致，确保每一位农民朋友都能获得全面、准确且实用的信息。

专题

神奇的水

苏打喷泉

实验材料：塑料瓶、吸管、醋、小苏打、色素。

实验原理：小苏打与白醋反应产生二氧化碳，导致瓶内气压增大，使液体从瓶口喷出。

实验步骤：先用火焰加热塑料瓶盖，塑料瓶盖软化后用柱状物为塑料瓶盖开一个小口，剪下半截吸管插入瓶盖小口中，用热熔胶固定住并将色素滴入白醋中摇匀，倒入小苏打后迅速盖上瓶盖，可以看到大量粉色泡沫如喷泉般喷出。

实验难度：中等。

实验现象：小苏打倒入后，迅速产生大量气体，之后从吸管口喷出，用手触摸瓶底发现瓶底是凉的。

牛奶烟花

实验材料：清水、食用盐、纯牛奶、色素、滴管、碟子。

实验原理：液体的密度差。清水的密度小于牛奶，牛奶的密度小于盐水。静置后的溶液上层为清水，下层是盐水，所以最终牛奶漂浮在溶液中间层形成漂亮的牛奶烟花。

实验步骤：将清水倒入碟子中，将食盐倒入少量水中搅拌融化，盐水倒入清水中，将牛奶倒入新的透明杯中，倒入自己喜欢的食用色素搅拌均匀，用滴管一滴一滴滴入碟子中，漂亮的牛奶烟花就大功告成了。

实验难度：中等。

实验现象：当牛奶滴入杯中后，像烟花一样在杯子中落下，静置一段时间，牛奶漂浮在溶液中间层。

彩虹雨

实验材料：透明杯子、食用油、食用色素、水。

实验原理：水不溶于油，且水比油重，色素在油中下沉到水油交界面时溶于水中，形成彩虹雨效果。

实验步骤：

1）在一个杯子中倒入少量食用油，加入几滴食用色素并搅拌。

2）在另一个大杯子中倒入大半杯水，将有色素的油慢慢倒入水中。

实验现象：油层中的色素像雨滴一样缓缓沉入水中，形成彩虹雨。

凝固的牛奶

实验材料：牛奶、白醋、玻璃杯、搅拌棒。

实验原理：牛奶中含有丰富的蛋白质，而醋中含有大量的酸性物质，与酸性物质混合后，牛奶会发生变性产生豆腐渣一样的白色沉淀物。

实验步骤：牛奶倒入杯中，倒入白醋并搅拌均匀，过一会后光滑的牛奶将会变成豆腐渣状。

实验难度：简单。

实验现象：将白醋倒入后静置一段时间后，牛奶中出现一些絮状物。

水的压强

实验材料：塑料瓶、图钉或针、水。

实验原理：水的压强随深度增加而增大。

实验步骤：

1）在塑料瓶的同一侧用图钉或针扎几个小孔，孔在瓶子上的位置应不同。

2）将塑料瓶装满水，然后观察水从不同高度的孔中喷出的距离。

实验现象：水从瓶子上方的孔中喷出的距离较短，而从下放的孔中喷出的距离较长。

自动上升的水面

实验材料：蜡烛、碟子、水杯一个。

实验原理：当蜡烛燃烧的时候，会消耗掉杯中的氧气，而减少的这部分空间则被水填充，所以大杯内的水面会明显高出杯外的水面。

实验步骤：将蜡烛放在碟子当中，将碟子周围适量加水并点燃蜡烛，然后将杯子扣在碟子上方，观察大杯子内的水面变化。

实验难度：中等。

实验现象：蜡烛逐渐熄灭，杯子内的液面高于杯子外的液面。

彩水爬纸梯

实验材料：3 个透明塑料杯、两张卫生纸、红绿颜料。

实验原理：毛细现象。不同物质对水的吸附力不同，造成水会沿着由卫生纸组成的细小毛孔向上爬升的现象，使得最后不同颜色的水混合成其他颜色的水。

实验难易程度：简单。

实验步骤：首先准备三个透明塑料杯，加入等量自来水，然后分别在第一个和第三个水杯滴入黄色颜料和蓝色颜料并充分混合。将卫生纸卷成细条状，分别将两条卫生纸的两段依次放入水杯中，使水刚好能浸没纸的两段 1 厘米距离。等待一段时间发现两个杯子中的水爬上纸梯，中间水杯的颜色变成了绿色。

实验现象：纸条分别从第一个和第三个水杯没在水里的部分开始，

缓慢上升，进入第二个杯子中，将水染色，最后均匀混合后变为绿色。

钓冰块

实验材料：一杯水、冰块、绳子、食用盐。

实验原理：盐水浓度越高，凝固点越低。撒盐在冰块上后局域的凝固点降低，此时冰开始融化，而融化了的冰能够把盐溶解带走或者冲走，使得局域的盐水浓度降低，凝固点又升高，这样又会重新结冰。如果这个区域正好包括了绳子和冰块接触的地方，那么绳子被融化了的水浸湿又会重新和其他冰块一起冻上，就可以钓起来冰块了。

实验难易程度：中等。

实验步骤：首先往玻璃杯里加一些凉开水，将冰块放入水中，然后用手抓住绳子的一端，另外一端放在冰块上，尝试一下能将冰块钓起来吗？随后往冰块与绳子上撒一些食用盐，耐心地等待几秒钟，最后提起绳子观察绳子是否能将冰块钓起。

实验现象：提起绳子，会发现撒盐后冰块被钓起来了，绳子还嵌入了冰块中。

水的三态变化实验

实验材料：水、冰箱、热源（如燃气灶或电热水壶）。

实验原理：这个实验展示了水的三种基本状态——固态（冰）、液态（水）和气态（水蒸气）之间的转换，以及这些转换所需的条件（如温度和压力）。

实验步骤：观察液态的水；使用热源对水进行加热，观察水变成水蒸气的过程；将水放入冰箱中冷冻，观察水变成冰的过程。

实验现象：水在加热后会变成水蒸气，在冷冻后会变成冰。

漂浮的小船

实验材料：白板笔、白瓷盘、水。

实验原理：白板笔的墨水配方中含有剥离剂，当墨水被书写到表面上之后，随着溶剂挥发，剥离剂可以在有色的笔迹和书写表面之间起到隔离的作用，阻止笔迹与表面紧密结合。所以白板笔写的字在被水冲或是被擦拭时，字迹就很容易脱落。

实验简易程度：简单。

实验步骤：首先在白瓷盘表面画出小船图案，随后在盘子中倒入清水，轻轻地对小船图案吹一下。

实验现象：仔细观察，会发现小船图案会浮在水面上。

烧不坏的气球

实验材料：水、蜡烛、打火机、气球。

实验原理：水的比热容大，吸收的热量会很多，当火烧气球时，里面的水起到给气球循环冷却的作用，会先把火焰的热量吸收掉，降低气球的温度，使其没有达到熔点，所以气球烧不破。

实验难易程度：简单。

实验步骤：先用打气筒或嘴巴把气球吹起来，然后把吹满气的气球套在水龙头上，装上水，水没过气球底部即可，点燃蜡烛，然后把装有水的气球的底部放到蜡烛的外焰烧。

实验现象：你会发现气球没有破，而且烧的位置变得很黑，气球里的水的温度上升了。

能抓住气球的水杯

实验材料：气球、塑料杯、暖水瓶、少许热水。

实验原理：热胀冷缩。加热使杯子内部空气密度变小，待杯子扣上去后温度降低密度恢复至原来状态，造成内外气体压力不等，大气压力使得气体把杯子吸住。

实验难易程度：简单。

实验步骤：首先对气球充气并绑好，然后将热水从暖水瓶中取出，倒入杯中（约多半杯）20 秒后倒出。在水倒出后立即将杯口紧密地倒扣在气球上，轻轻把杯子连同气球一块提起，此时杯子已经将气球抓住啦！

实验现象：当杯子压在气球上后，气球末端向杯子内部鼓出，提起气球后，杯子也一并被气球“提”起来。

反重力水

实验材料：水、玻璃瓶、丝网、橡皮筋、牙签。

实验原理：水的表面张力附着在丝网中，创造出一个“膜”，形成一个密封形态。牙签戳入后，水会包围木质牙签，但木头密度比水小，牙签会浮到最上方。

实验简易程度：中等。

实验步骤：在玻璃瓶中满水，然后用橡皮筋将丝网封住瓶口，之后将玻璃瓶翻转。观察现象，随后将牙签戳入网内。

实验现象：即使丝网上有洞，但是水依然不会流出来，之后将牙签戳入网内，水还是不会流下来。

透明的冰激凌

实验材料：水、透明容器、塑料袋、记号笔、空白纸。

实验原理：全反射和折射。当入射角小于临界角时，人的肉眼可以看见从水中折射过来的光线，所以是可以看见冰激凌筒的。当入射角逐渐大于临界角时，这时折射光线完全消失，肉眼就会看不到冰激凌筒，使其有消失的假象。

实验简易程度：中等。

实验步骤：在透明容器中装满水，将白纸裁成透明袋的大小，在白纸上画上冰激凌筒，然后在塑料袋上画上冰激凌，并将白纸放进塑料袋密封起来，最后将塑料袋沿容器边缘放入水中。

实验现象：当塑胶袋垂直放入水中，可以看到画在纸片上的冰激凌筒消失了，取出纸片可以看到完整的冰激凌图案。

避之不及的胡椒粉

实验材料：碗、水、胡椒、洗洁精。

实验原理：水有表面张力，而且胡椒粉比较轻，所以能够浮在水面上，洗洁精能破坏水的表面张力，当洗洁精接触水面中间时，中间的表面张力被破坏，而周围的表面张力没有被破坏，就把胡椒粉快速地从中间向周围拉过去。

实验简易程度：简单。

实验步骤：首先在碗中倒入水，随后在水的表面撒入少量的胡椒粉，然后用手指蘸取少许洗洁精，将手在水的表面轻轻一碰，观察胡椒粉的状态。胡椒粉立即四散开来。

实验现象：在手接触到水之后，胡椒粉立即四散开来了。

冷热水的融合

实验材料：两个玻璃杯、一张卡片、冷水、热水、两瓶颜色不同的色素、一张卡片（如扑克牌大小）。

实验原理：热水密度小、冷水密度大。当热水在上、冷水在下时，密度小的依然在上方，密度大的依然沉在下方。当冷水在上热水在下时，密度小的上浮、密度大的下沉，两者就会交融。

实验步骤：

1）在一个玻璃杯中倒入热水，另一个玻璃杯中倒入等量的冷水。分别在两个玻璃杯中加入不同颜色的食用色素，搅拌均匀。

2）将卡片平放在热水杯的口上，确保卡片完全覆盖杯口。然后，快速但小心地将热水杯倒扣在冷水杯上，使两个杯口紧密相接，同时保持卡片水平。最后，抽出卡片，观察两个水杯中的水是如何混合的。

3）重复上述步骤，但这次是将卡片放在冷水杯上，然后将冷水杯倒扣在热水杯上。

实验现象：当热水杯倒扣在冷水杯上时，由于热水的密度较低，热水会倾向于上升，而冷水会下降，导致两种颜色的水混合。相反，当冷水杯倒扣在热水杯上时，冷水不会迅速下沉，因为冷水的密度较高，热水不会轻易上升，混合现象不如前者明显。

水的导电性

实验材料：纯水、含杂质的水（如盐水）、小灯泡电池电线电极（可以是两根金属棒）。

实验原理：水本身是一种很弱的电解质，因为它可以自发电离生成少量的氢离子（H^+）和氢氧根离子（OH^-）。纯净水的电离程度非常低，因此它的导电性很差。然而，当水中含有可溶性离子化合物时，这些化合物会在水中电离，产生大量的自由离子，从而显著提高水的导电性。当离子在电场中移动时，它们形成了一个闭合电路，从而使电流得以通过水溶液传导。

实验步骤：将电极分别插入纯水和含杂质的水中。然后，用电线将电极、小灯泡和电池连接成电路。之后，观察小灯泡在两种不同水质中的亮度。

实验现象：纯水的导电性较差，灯泡亮度较弱；含杂质的水导电性较好，灯泡亮度较强。

水的净化实验

实验材料：浑浊的水、沙子、活性炭、纱布、瓶子、漏斗等。

实验原理：这个实验模拟了水的净化过程。沙子可以过滤掉较大的杂质颗粒，活性炭则能够吸附水中的有机物和异味物质，从而净化水质。

实验难易程度：中等。

实验步骤：准备一个多层过滤装置，依次放入沙子、活性炭等材料。将浑浊的水倒入过滤装置中，观察过滤后的水质变化。

实验现象：经过过滤后的水变得清澈透明。

水的溶解能力

实验材料：水、盐、糖、小苏打、勺子或搅拌棒、相同大小的容器。

实验原理：相同体积的水，能溶解不同质量的食盐、白砂糖和小苏打。不同的物质在水中的溶解能力是不同的：100 毫升水中能溶解大约 36 克食盐（7 份左右），能溶解大约 200 克白砂糖（40 份左右），能溶解大约 10 克小苏打（2 份左右）。白砂糖在水中的溶解能力最强，其次是食盐，最后是小苏打。不同物质在水中的溶解能力不同。

实验步骤：

1）在不同的容器中加入相同量的水。

2）分别在每个容器中加入等量的盐、糖和小苏打。

3）搅拌每个容器，观察并记录哪些物质溶解在水中，哪些不溶解。

实验现象：白砂糖在水中全部溶解，食盐有部分没有溶解，而小苏打没有溶解的部分最多。

水的扩散

实验材料：透明容器、水、墨水。

实验原理：墨水在水中的扩散，是指在溶液中以物质的细小程度向四周散布的过程。扩散的主要原因是物质的分子鼓励物质分布平衡，分子在溶液中来回移动，形成分子的运动，最终形成扩散。

实验步骤：

1）在透明容器中倒入一定量的水。

2）在水面上滴入几滴食用色素或墨水。

3）观察色素或墨水在水中扩散的过程。

实验现象：色素或墨水会从滴入点开始逐渐扩散到整个水体中。

观察虹吸现象

实验材料：两个容器、小木板、一根透明的塑料管或软管、水、色素。

实验原理：基于流体压力的差异和重力。在液体中，流体静压力随着深度的增加而增加。这意味着容器底部的水压力大于容器顶部的水压力。水受到重力的作用，会沿着管道向下流动。

实验步骤：

1）将两个容器放置在高低不同的位置，确保高的容器比低的容器至少高出一些距离。

2）在高容器中装满水，滴入几滴色素。

3）将塑料管或软管的一端放入高容器的水中，另一端放在低容器的开口处。确保虹吸管完全充满水，没有空气泡。

4）用手轻轻按住虹吸管在高容器中的开口端，然后将虹吸管的另一端放入低容器中，放开手让水开始流动。

实验现象：当虹吸管中的水开始流动时，你会看到水从高容器流向低容器，直到两个容器中的水面高度相同。

模拟和观察水循环

实验材料：一个透明容器（如塑料盆或水槽）、水、冰块、沙子或土壤、植物（可选）、温度计（可选）。

实验原理：

1）蒸发：水在暴露于空气中时会蒸发，变成水蒸气。

2）降水：水蒸气在上升过程中冷却，形成云，最终以降水的形式回到地面。

3）径流：降水后的水会流动，形成地表径流，一部分水渗入土壤，成为地下水。

实验步骤：

1）透明容器中加入一定量的水。

2）将冰块放入水中，模拟水的蒸发过程。观察冰块融化时水面的变化。

3）在沙子或土壤上放置一些植物（如果有的话），模拟自然生态系统。

4）观察水在沙子或土壤中的流动路径，模拟地表径流。

实验现象：冰块融化之后，水面上升，容器中的水蒸发后形成水蒸气，之后凝结成水，形成降水。降水后的水流动，形成地表径流。部分水深入土壤，形成地下水。

光的折射效应

实验材料：激光笔或手电筒、透明容器（如玻璃杯或塑料瓶）、水、食用色素（可选）。

实验原理：

1）光的传播：光在空气中的传播速度远大于在水中的传播速度。

2）折射定律：当光线从一种介质进入另一种介质时，入射角、折射角和两种介质的折射率之间存在关系。

实验步骤：

1）在透明容器中加入水，然后加入适量的盐或糖，搅拌溶解。

2）为了更清楚地观察光线路径，可以在水中加入食用色素。

3）将激光笔的笔尖对准透明容器中的水面，确保光线斜射进入水中。

4）观察光线进入水中后的传播路径。

实验现象：光发生了折射效应。

参考文献

曹庆明 . 2015. 水到哪里去了 [J]. 现代教学，（11）：33.
陈美华 . 2007. 虹及二次虹的形成原理 [J]. 中国西部科技（学术），（11）：50~51.
陈婷，赵华，张艺腾，等 . 2013. 以太阳风为源水分子在月球空间环境中的分布特征 [J]. 空间科学学报，33（05）：473~479.
陈兆仁 . 2013. 采用模糊 PID 控制的风电系统稳定电压研究 [J]. 长沙大学学报，27（05）：28~30
程继军，邢金良 . 2023. 我国工业节水的进展、成效与展望 [J]. 中国水利，（07）：6~10.
程小文 . 2022. 21 世纪我国城市用水变化及趋势分析 [J]. 中国给水排水，38（14）：47~51.
邓少波，陈华堂，徐成波 . 2015. 加强国际合作交流促进灌排技术进步 [J]. 中国农村水利水电，（12）：18~20.
丁禾 . 1986. 海洋的起源 [J]. 海洋地质动态，（12）：18.
杜林娟，李江帅，赵世伟，等 . 2023. 喷灌压力、喷嘴直径和喷洒历时对土壤入渗性能的影响 [J]. 水土保持学报，37（02）：58~66.
樊新华 . 2019. 概述雾的形成和分类 [J]. 科技风，（13）：108.
房建恩，马立伟 . 2022. 农业节水技术推广困境及对策研究 [J]. 农业经济，（05）：9~11.
顾瑞珍，张辛欣，尹振茂 . 2013. 专家详解雾霾天气成因及对策 [J]. 中国产业，（01）：12~13.
郭艳 . 2020. 珍惜日益缺乏的水资源 [J]. 资源再生，（03）：70~72.
何丽华，李建松，王熙，等 . 2022. 水源保护区的生态脆弱性及生态修复成效分析 [J]. 测绘科学，47（08）：59~69.
黄永军，徐从海，严冬冬，等 . 2022. 地下水污染及修复技术的研究浅析 [J]. 应用技术学报，22（02）：124~130.
霍春宇 . 2023. 辽西地区水面蒸发变化趋势及气象成因分析 [J]. 水利技术监督，（06）：195~198.
简红梅 . 2019. 浅析化学技术在污水处理中的运用 [J]. 门窗，（18）：275.
姜靖 . 2017. 地球上的水从哪儿来 [J]. 人才资源开发，（11）：90~91.

姜练发，杨海毅．2023. 工业企业水污染中重金属污染的控制措施分析 [J]. 资源节约与环保，（05）：85~88.

蒋高明．2022. 湿地生态系统 [J]. 绿色中国，（20）：56~59.

李道西，张圣山，刘欢，等．2024. 微喷带灌溉技术研究进展 [J]. 华北水利水电大学学报（自然科学版），45（02）：81~87.

李佳奇，田立英，高楠．2016. 冰雹的形成及地面观测 [J]. 黑龙江科技信息，（11）：76.

李金玉，李凤苏．2000. 水的生理作用与饮用方法 [J]. 职业与健康，（06）：84~85.

李凯，马颖，鲁伶兰，等．2022. 以水为溶剂的环·醚悬浮剂的制备 [J]. 天津化工，36（04）：42~45.

李一良，孙思．2016. 地球生命的起源 [J]. 科学通报，61（Z2）：3065~3078.

林欢，袁亮，刘璇，等．2023. 成都夏季云凝结核的变化特征及其影响因子 [J]. 环境科学学报，43（05）：312~324.

林秀丽．2021. 水文化在中国古代诗词中的呈现与情感表达 [J]. 中学地理教学参考，（23）：86.

刘昌明，刘小莽．2023. 从地球系统圈层互馈与地理综合角度探讨水循环研究 [J]. 地理学报，78（07）：1593~1598.

刘会群．2024. 地下水污染及防治措施研究 [J]. 造纸装备及材料，53（04）：131~133.

刘威，史锋，肖国桥，等．2021. 15 世纪中叶火山喷发对青藏高原和北极水热组合的影响 [J]. 第四纪研究，41（03）：714~725.

路喜虎．2022. 渠灌区管道输水灌溉技术研究 [J]. 农业科技与信息，（08）：106~108.

吕文金．2023. 农业水利灌溉模式与节水技术措施研究 [J]. 当代农机，（11）：39~40.

马建霞，张晶，李娜，等．2020. 多尺度水文循环与全球联系研究态势分析 [J]. 科学观察，15（06）：1~11.

彭涛，陈丹溪．2023. 专家教你如何挑选瓶装饮用水 [J]. 质量安全与检验检测，33（02）：80.

漆喜林．2014. 陕西干旱地区覆膜灌水复合模式及其效用研究 [J]. 榆林学院学报，24（04）：12~16.

任海波，钟杰，彭梁，等．2019. 我国水力发电的历史与发展 [J]. 南方农机，50（02）：225.

施建成，赵天杰，杨晓峰．2021. 空间地球科学视角下的全球水循环研究 [J]. 遥感学报，25（04）：847~855.

苏翰诗，吕盈盈，汪峰，等．2021. 我国工业源水污染防治环境经济政策进展研究 [J]. 环境保护，49（07）：25~30.

田海涛 . 2023. 城市园林绿化用水综合利用研究 [J]. 建筑施工，45（04）：757~759.
汪炎 . 2022. 工业园区污水处理现状及发展方向 [J]. 工业用水与废水，53（02）：1~4.
王犇，文水平，朱牧野 . 2023. 染色精细化用水及自处理水通氯后的脱氯工艺 [J]. 染整技术，45（06）：31~34.
王丹宁 . 2020. 海洋水资源保护及其合理开发利用 [J]. 资源节约与环保，（08）：107.
王琦，刘本华，徐晶，等 . 2023. 某工业污染场地浅层地下水水化学特征与水质综合评价 [J]. 济南大学学报（自然科学版），37（06）：670~677+686.
王绍林，李文章，张莉 . 2003. 矿泉对人体的生理作用基础 [J]. 中国疗养医学，（04）：4~5.
王文娟 . 2024. 节水灌溉技术在农业生产中的应用优势分析及建议 [J]. 新疆农机化，（03）：49~51.
王晓骞，王春峰 . 2019. 一次雨雪寒潮过程天气形势演变分析 [J]. 吉林农业，（05）：105~106.
王信达 . 2010. 浅论风和台风的形成及影响力 [J]. 现代农业科技，（13）：327~329.
韦日荣，振柱，钟格梅 . 2019. 天然矿泉水对饮用人群健康影响研究进展 [J]. 应用预防医学，25（06）：517~519.
吴昌洪，林木松，柳小珊，等 . 2014. 河型分类研究现状与展望 [J]. 人民长江，45（01）：6~10+65.
吴恒，李佳芮，杨天宇，等 . 2024. 生物技术在有色冶金废水处理中的应用 [J]. 中国有色冶金，1~11.
吴键文，徐振华，苏玲玲 . 2024. 水污染处理中微生物检测技术的应用分析 [J]. 清洗世界，40（05）：135~137.
吴勇，张赓，陈广锋，等 . 2021. 中国节水农业成效、形势机遇与展望 [J]. 中国农业资源与区划，42（11）：1~6.
吴云 . 2018. 浅谈霾的形成与危害及与轻雾的区别 [J]. 南方农业，12（26）：157~158.
武艺，刘晓娟 . 2023. 水资源保护与水生态环境修复研究 [J]. 皮革制作与环保科技，4（13）：128~130.
夏群科，杨晓志，刘佳 . 2022. 如何理解地球上水的存储和起源？ [J]. 地球科学，47（10）：3830~3832.
肖显杨，钟丹，龙少波，等 . 2024. STEM 教育理念在培养地理综合思维中的运用研究——以“水循环”为例 [J]. 地理教育，（S1）：53~54+62.
邢子强，黄火键，袁勇，等 . 2019. 湖泊分类体系及综合分区研究与展望 [J]. 人民长江，50（09）：13~19.
颜秉芝，张奎松，邹士锋 . 2011. 气象探测环境中植被对露、霜观测的影响 [J]. 现代农业科技，（06）：313.
杨树青，白玉川．2012. 边界条件对自然河流形成及演变影响机理的实验研究 [J]. 水资源与水工程学报，23（01）：1~5.
杨爽，王雪峰，范雪健，等．2024. 高级氧化技术的研究现状及发展展望 [J]. 工业催化，32（02）：26~33.
杨欣．2019. 城市水污染控制及水环境治理技术研究与综合示范 [J]. 环境与发展，31（07）：97+99.
姚锦桃，赵怡卿，魏丹，等．2012. 包头地区一次降雪过程分析 [J]. 内蒙古农业科技，（04）：80~81+86.
张聪，盛建东，朱先海，等．2024. 滴灌工程对农业生产能力的影响评估 [J]. 节水灌溉，（06）：95~101.
张皓月，张绪教，李成路，等．2016. 内蒙古河套平原塔尔湖地区湖泊成因 [J]. 现代地质，30（05）：1170~1178.
张纪淮．1980. 云的形成 [J]. 气象，（10）：31~34.
张军．2023. 农业水利灌溉设施保障农业发展措施研究 [J]. 河北农机，（22）：109~111.
张雷，鲁春霞，李江苏．2015. 中国大河流域开发与国家文明发育 [J]. 长江流域资源与环境，24（10）：1639~1645.
张瑞江．2016. 地球上奇特的固体水库——现代冰川与自然资源 [J]. 国土资源科普与文化，（01）：4~12.
张誉，徐巧，刘志刚，等．2023. 沿海某城市居民生活用水趋势与特性研究 [J]. 城镇供水，（01）：89~93.
曾晨军，丁富平，王超，等．2023. 东江水源工程东江取水口水利风景区开发与保护模式 [J]. 广东水利水电，（12）：5~8.
仲悦宁，杨昊憬，张逸博，等．2024. 污水处理厂活性污泥工艺中微型动物的生活习性、功能作用、研究方法与毒性响应 [J]. 净水技术，43（05）：18~34.
周道祥．2003. 说雨 [J]. 力学与实践，（02）：78~79+73.
周国军，吴金玉．2015. 寒潮天气预报及指标分析 [J]. 林业勘查设计，（03）：88~89.
周一民，张文滨，朱佩君．2018. 我国江淮和黄淮地区强对流过程的基本特征 [J]. 浙江大学学报（理学版），45（02）：205~218.
周长勇，曹广占，杨永振．2012. 水与生命 [J]. 水利天地，（08）：28~31.
朱星．2022. 云团形成的流体动力学 [J]. 物理，51（10）：722.

后　记

在落笔完成这本关于水资源的科普著作之际，我心中涌动着难以言喻的情感。水资源，这个看似平凡却又无比珍贵的自然馈赠，其背后蕴含着复杂多变的科学原理、深刻的社会影响及人类与自然和谐共生的永恒追求。撰写此书的过程，不仅是一次对知识的深度挖掘与整理，更是一场心灵的洗礼与反思。

在撰写过程中，我深刻体会到水资源问题的紧迫性与复杂性。从水循环的奥秘到水资源分布的不均，从水污染的严峻挑战到节水技术的不断创新，每一个章节都凝聚着对地球生命之源的敬畏与思考。我试图以通俗易懂的语言，将这些系统的科学知识转化为公众易于接受和理解的内容，让更多人认识到保护水资源的重要性，激发社会各界共同参与水资源保护的热情，但我也深知水资源科普工作任重而道远。

在这个信息爆炸的时代，如何准确、有效地传递科学知识，避免误导与误解，是我们每一位科技工作者需要不断探索与努力实践的。我希望本书能够成为一座桥梁，连接起专业与大众，让科学的光芒照亮更多人的心灵。

在此，我要向所有在本书撰写过程中给予支持与帮助的学校、老师和同学们表达最诚挚的感谢，本书不是凭借一己之力而成，而是众多科技工作者心血的凝聚。首先，本书得到了河北省科协科普创作出版项目的资助，同时也获得了河北地质大学学术著作出版基金（编号：

CB2023012）的资助，在此表示感谢。同时，感谢一同从事学校科普工作的老师们、同学们对本书内容的撰写提供的意见和帮助，感谢科技处刘旭妍、董志良、刘昭等老师，感谢水资源与环境学院学生杜昊玥、任欣悦和季建刚为本书所做的资料整理工作，感谢艺术设计学院学生郑清娇、白佳婕为本书提供的手绘插图。

在撰写过程中，我得到了许多宝贵的建议与指导，他们的专业见解和无私分享，让我受益匪浅。特别是在资料收集、内容设计和图文呈现等方面，是他们的帮助让我能够更加准确地把握问题的核心，提升本书的质量。

我还要感谢那些在水资源保护领域默默奉献的学者们。你们的努力与付出，为地球的水资源保护事业做出了巨大贡献。同时，也感谢每一位阅读本书的读者，是你们对知识的渴望与追求，让科学研究与普及工作变得更有意义。衷心希望这本书能够激发起人们对水资源关注与保护的行动，来共同守护我们赖以生存的蓝色星球。

让我们共同携手，努力为世界创造一个水清、岸绿、景美的美好家园！

李百华

2024 年 8 月 1 日